# 找茶，就是找故事

吳德亮人文茶畫攝影—散文集

吳德亮 著

序

# 劍及履及的茶故事

生活是個大道場，我一向以為，就像夫妻是人生最大的修持一樣。比如吃什麼穿什麼到那兒去跟誰相會又怎麼談話等等，那一處可以馬虎？然而大多數人並不重視生活，只重視存活，隨俗而行無可無不可者比比皆是，生命也就如此蹉跎殆盡，錯失許多好景致好機緣。

當然這麼樣的隨俗也有好處，省心省力，在一定的封閉性的價值體系中，與同流彼此肯定打氣，相濡以功利以色慾以貪嗔，依然虎虎生風，如此種種，倒也肥潤爽口，了無遺憾。

但是依然有人不覺得人生應該如此，要活得生動些，明白些，為此付出的代價也要多一些。其中之一，便是吳德亮。

德亮以茶名，顯而易見，似乎為茶而生，而活，而境界。緣訂三生命中注定。

茶事是說不盡的，且看他，舉凡飲茶、找茶、茶壺、茶杯、茶人、茶景、茶史、茶經、茶鄉、茶路、茶食、茶餐、茶點、茶窯、茶瓶、茶罐、茶器、茶友、茶療、茶補、茶詩、茶文、茶館、

亮軒

茶票、茶書、茶肆、茶價、採茶、焙茶、老茶、新茶，以致茶之死茶之活等等，無一不出現筆下，直可謂茶氣蒸騰，茶天茶地。人間豈復有比吳德亮更茶者？

數十年前的拙作中曾有〈茶道一得〉一文，並無新意，只說茶道似有道而無道，喝茶而已，口齒生津便已然大備，何須多事？是以從來就不講究茶道，更無茶事之想，光顧茶莊，稍貴則望望然而去，從來不以品到數萬元一斤的比賽茶之類為得意。反倒為了原先所嗜價廉之茶為人炒作至價昂為憾，漸漸更不顧茶事。而茶之身價有飆至數百萬元一斤者，飲食一道，固有貴賤，豈能如此走火入魔？真乃去道日遠。容我說一句不怕冒犯的話，要惜福啊！自此，但可以飲水終吾身也，與茶相去更遠。只肯讀讀茶詩茶書而已。

那時海峽對岸福州有作家聚會，一路聽福州朋友大談當地茶經，以茉莉香片一斤數萬元人民幣至數十萬元人民幣相告，暗中心驚不已，茉莉香片是我早年經驗中最不善飲茶者的嗜好，依此而觀，茶之正道欲尋也難矣。於是閉口不言，悄然而退，以為此生與茶無緣矣。

是夜在飯店大廳見一人與幾位朋友高談茶經，說起某處某茶如何尋得某茶又被炒作自十數元一斤到幾十萬元一斤，又說某茶實在不是某茶而是某某茶因某人某事而成如此之某某，所云如此種種，十分引人入勝，我就成了座中一員。此人嗓音宏闊，興致盎然，僅談茶事便數小時不疲不倦，題材從無重複，句句翻陳出新，非茶不語有語皆茶。細看此人，面色紅潤，健康寫實，當屬旅途陽光留痕。凡出門，則戴一頂寬邊帆布帽，語語誠懇，一派天真，笑容常在，泰然自若。私心甚怪之，便與論交，問題層層，俱得一一作答，自此方知茶之一道未必寬袍大袖者之專利，而且也許盡棄斯文，方得真意，如此論茶，復古開新兼而有之，頗有幾分當年退之先生文起八代之衰的氣息。於是乎在閩其間便追隨德亮左右，或直問或旁聽，玩味再三。

德亮隨身攜帶茶葉茶具，旅途中談得興起，便為在座泡茶，杯杯都有來歷，用心品嚐，果不其然。最有趣的是每一種茶都有故事，名川大山間數百年繚繞盤旋，盡是鄉野奇談，更讓人驚訝者，是德亮劍及履及，常常不辭路遠輾轉艱難，烈日風霜中見之識之飲之而後以為快。為一茶之得而願付出偌大代價，這是常年只能拳身書齋中的我難以想像之事。而在下平素貪杯，酒後塗鴉相贈，德亮鄭重裝裱，懸諸他專用之茶室，令我受寵若驚。爾後論交，便在茶氣氤氳中盡談茶事，卻俗忘塵，一杯又一杯，居然一如多年舊識，茶逢知己千杯少，何必有酒？

德亮是真茶人，自茶而入萬事，自萬事復入茶道，不拘泥不傷雅，用心專注自成一家，相與結緣，引領走出書齋得見天地未曾具想之一隅，衰年偶得，大喜過望。

某日，德亮邀約新書發表會場，方知此人早已盛名兩岸乃至全球華人世界，一時冠蓋雲集交相稱譽，凡有茶事，德亮多有參與，茶界眾生種茶焙茶販茶飲茶者無不來往接納，識淺如我方才認得此人真非一日之功也。當場他居然不以寡陋視我，堅請上台，於是不免錦上添花，從而敬奉一名號，曰：「有茶氏」，眾友熱烈鼓掌相挺，從此，伏羲有巢有熊神農之後，更添一有茶，意以為真得其人其趣，蒙德亮欣然賞收，吾之幸也。

德亮有新書，名為「找茶，就是找故事」，乃以以上故事附麗為序。

二〇一三年九月二十七日

# 目次

# 卷二

## 茶香與詩畫共舞

## 卷三 馬背的下午茶

# 卷一

## 茶來茶去

# 一個六安三種茶

提到六安，大多數人都會想到中國安徽省六安地區所產製，名列中國十大名茶之一的「六安瓜片」。其實以「六安」為名的茶品還包括「六安籃茶」與「六安骨」，三者分別歸屬於綠茶、黑茶、青茶（即烏龍茶）等三種截然不同的茶類。而今天市面上炙手可熱的老六安籃茶，也非產自安徽六安，而是來自安徽祁門縣的蘆溪與溶口兩鄉；至於六安骨則源自福建安溪，各自發展出不同的傳奇。

六安瓜片是一種外形與剖開的香瓜片

相彷，色澤翠綠的「片形」綠茶，也是綠茶中唯一全由葉片製成、不帶嫩芽或茶梗的茶品，採摘時間也較其他綠茶稍遲，通常以穀雨前後所採製為最佳。

六安瓜片外觀特別明亮油潤，沖泡後香氣高揚，茶湯柔軟而鮮醇回甘，上品且帶有熟栗般的清香。產地包括安徽省的六安、金寨、霍山三縣，尤其金寨縣齊雲山所產瓜片在開湯後飄搖的茶香往往霧氣蒸騰，又稱「齊山雲霧瓜片」。

而六安籃茶則是竹簍包覆的黑茶，以六安瓜片為基礎，先用殺青、揉捻、曬菁、烘乾、篩分與撼簸等工序，製成瓜片後加重焙火，再蒸壓放入小竹簍內，經過烘焙、夜露、熏蒸等繁複工序，裝簍後還得再烘一次；而且完成後仍須貯存至少三年，釋放出最佳風味後才得出售。由於貯藏方式與暗陳的色澤都與普洱茶相當類似，因此近代學者多半將其與普洱茶同列為黑茶類，以別於六安瓜片的綠茶類。

如同「越陳越香」的普洱老茶，六安籃茶也以五〇年代以前、私營茶號產製的最為搶手，稱為「六安龍團」，以竹簍包裝約五百公克後，上面再覆以竹葉，並以長牙籤封裝。其中以孫義順字號最老、也最為著名，以全乾倉貯藏至今，由於陳期多已超過六十年以上，價格也最高不可攀。

孫義順老六安可說是所有陳年老茶包括普洱茶中，所附的「茶票」與「玄機」最多的茶品了。包含面票、底票、內票、茶團內的藥票以及一枚如假包換的「秋葉」等五票，顯然早年為了防止仿冒，可說煞費苦心，卻仍不敵數十年來的猖獗仿製。而內票中「假冒本號招牌男盜女娼」的警告用語，在一切「向錢看」的今天，也絲毫不起作用了。

孫義順六安龍團大紅色的內票印有「近有冒稱本號甚多，凡賜顧者請認秋葉招牌為記，庶不致誤」等文字。其中「秋葉招牌為記」始終眾說紛紜，有人認為是包裝的竹筍葉殼，也有說是指秋茶，待拆開後才真相大白，原來包裝內真藏有一枚秋葉，令人莞爾，也不禁讚嘆當時遏止仿冒的用心。

明朝聞龍曾在《茶箋》中指出「六安茶入藥最有功效」，而早年六安籃茶大多流行於廣東，據說也是因為清朝時，有來自祁門的醫師在廣東佛山行醫，由於當地夏季悶熱易造成中暑或腸胃不適，醫師多以六安籃茶代藥，消暑解毒的功能更使得六安茶聲名大噪。

儘管六安籃茶與普洱茶同樣由綠茶緊壓，並且後發酵成為黑茶，但由於產地與原料不同，二者無論口感或喉韻皆大相逕庭。我手中就藏有友人餽贈的四〇年代孫義順老龍團，茶品明顯油光十足、黑亮香醇，緊結不鬆散。迫不及待撥開沖泡，紅琥珀色的茶湯與一般普洱陳茶的棗紅色明顯有別，表面且泛起明鏡般的濃亮油光，入喉後抒揚的茶氣與甘醇彷彿滲透至靈魂深處，令人難以忘懷。尤其入口略苦爽後再回甘，待第六泡以後轉為甜醇，陳韻更在唇齒之間留下迷人的香氣，最能顯現老龍團無可匹敵的魅力。

至於與安徽六安完全扯不上關係的六安骨，則是外觀十分罕見、只見茶梗而不見茶葉的「茶梗茶」。緣於早年中國大陸計畫經濟時代，由於茶葉有出口限制，安溪鐵觀音大多帶著茶梗銷往海外如香港、馬來西亞等地，茶行收貨後先摘除茶梗才販售；揀下的茶梗不捨丟棄，經過烘焙後帶有火香與溫順濃醇的茶湯，加上三十年以上的陳化加持，更具丰姿與熟韻，入口的甜稠與飽滿感絲毫不輸給六安龍團，成了深受海外華人喜愛的「六安骨」或稱「六安枝」。可惜八〇年代以後中國大陸改革出口制度，成茶不必再配上茶梗，六安骨也從此消失，目前存留的極少量老六安骨則被當成古董普洱茶般炒作，應是安溪魏蔭當初始創鐵觀音茶所未曾料及的吧？

原載於二〇一三年二月五日《人間福報》副刊

# 富士山下茶飄香

假如要舉出一個最能代表日本的地方，你會先想到那裡？平安時代的古都京都？巍峨的大阪城天守閣？流行服飾尖端的銀座？青少年飆舞購物的天堂原宿？燈紅酒綠的新宿歌舞伎町？模仿巴黎艾菲爾的東京鐵塔？或者是外來的迪士尼樂園？都不是。在多數日本人的心目中，正確答案應該是號稱日本第一聖山的富士山吧？

折騰了許多年，總算在二〇一三年榮登世界文化遺產的富士山，跨越靜岡、山梨兩縣縣境。不過，靜岡人往往會理直氣壯的告訴你：富士山的正面只有在靜岡縣才能一窺全豹，山梨縣看到的不過是背影罷了，信不信由你。

富士山主峰呈圓錐形，山麓則為優美的裙擺下垂弧度，儘管海拔只有三千七百多公尺，比我國的玉山略低，但卻正如她「不二的高嶺」別稱一樣，擁有傲視日本第一的高度及完美無瑕疵、端莊秀麗的姿態。

在色彩的美感上，富士山也不遑多讓，不同時間且隨著光線與氣候的游移轉換，呈現豐

無限寬廣的茶園與磅礴秀麗的富士山相互輝映。

富多變的表情。正如當代文學大師川端康成所說：「想要觀看旭日與夕陽的色彩，看看富士山就行了，因為富士山會染上早晨與黃昏時的顏色。」

對愛茶人來說，富士山還是孕育好茶的聖山，除了全球馳名、泡茶首選的富士山天然雪融水外，在距離富士山最近的富士宮市、遊客如織的公園旁，無限開闊的勝景中，放眼所及盡是一畦畦綠油油的茶園，與磅礴秀麗的富士山相互輝映，成為日本大型月曆或風景明信片上，最常出現的畫面。

每逢四月春茶採摘季節，但見身著傳統採茶衣的婦女穿梭在茶園中，手腳俐落地摘採春茶，或紅或藍加上白色小碎花的頭巾隨風飄搖，彷彿五彩繽紛的熱帶魚悠游在綠浪推湧中，醉人的景象讓人忍不住「喀嚓喀嚓」猛按快門。

話說日本除了少量的小葉紅茶外，產製茶葉多以不發酵的綠茶為主。有別於中國以「炒菁」為主的龍井、碧螺春等綠茶，日本多為「蒸菁」綠茶，如煎茶、玉露、抹茶、玄米茶等。而在靜岡、狹山、宇治等日本三大名茶中，靜岡茶色最美、宇治茶以香味取勝，狹山茶則味最濃，所謂「色數靜岡，香數宇治，味數狹山」。其中狹山茶在埼玉縣西部與東京都西多摩地區；宇治茶則產於以宇治市為中心的京都南部地區。而靜岡縣則是日本最大產茶縣，茶園面積占了全國四成以上，茶葉年產量更高達全國的二分之一。

茶園面積占全國四成以上的靜岡縣是日本最大產茶縣。

其實除了富士宮市，靜岡縣許多地區都盛產茶葉，並因各地不同特色而分為掛川茶、島田茶、川根茶、金谷茶、奧大井茶等，其中海拔較低的茶葉，為了抑制苦味而加長了蒸新芽的時間，稱為深蒸煎茶，蒸菁時間約為一般煎茶的二至三倍，藉由延長殺青時間以改善茶葉色香味的品質。

據說深蒸煎茶起源於掛川，因為掛川茶園大多分佈在丘陵斜坡上，陽光過於充足，茶葉所含兒茶素較高，為了降低苦澀味，呈現較為柔和的口感，深蒸的殺青技術於焉誕生。

因此與目前定居掛川的老友，金谷茶之鄉博物館前館長、現任世界茶聯合會副理事長的小泊重洋，相約在掛川城下的「二之丸茶室」見面時，他特別邀來了川根茶業的中根福次會

掛川城下著名的「二之丸茶室」。

長，將淺蒸煎茶與掛川深蒸煎茶同時沖泡讓我做比較。中根君告訴我，掛川製茶已有四百多年的歷史，十八世紀全盛時期還有大隊馬匹搬運到相良港，再用船舶運至東京的輝煌記錄，家族至今仍沿襲傳統技術來製作。

小泊君說深蒸煎茶因蒸的時間較長，茶葉纖維質較為細碎，因此以細網目的茶壺沖泡，果然開湯後不僅顏色較為濃綠深沉，口感也較一般煎茶來得圓潤醇厚，儘管澀味較淡，但香氣也相對減弱了。

原載於二〇一三年五月號 *SENSE* 雜誌

# 春訪金谷茶鄉與櫻花共舞

「嗚——嗚嗚」的汽笛聲劃過寧靜樸實的金谷車站，木製的老舊車廂內一個震盪，鋼輪輾過平滑的鐵軌發出軋軋聲響，火車緩緩開動了。

這是二十一世紀的日本，三兩根橫過眼前的月台柱子，在吹打著車窗的煤硝裡留戀地後退，濃煙徐徐釋放懷舊的旅情，盛開的櫻花與綠浪推湧的茶園在兩側逐漸展開，將窗外的景致點綴得更加繽紛。

搭上日本最具五〇年代風情的蒸氣火車，我獨自從寸又峽前往金谷，座椅前方有西山所長餽贈的「川越便當」，黑亮的包裝慵懶地映出天花板昏黃橙圓的燈光，電扇嗡然作響。

號稱「日本第一茶鄉」的金谷町位於縣城靜岡市以西，也是日本最大的製茶機械生產地，製茶廠房和瓦屋嚴整有序的錯落其間。密集的茶園中隨處可見一根一根像是電線桿般的金屬桿，頂端裝有三葉片的風扇螺旋槳，令人好奇，任職茶博館的山本明香告訴我，那是作為防霜之用的感應架。

茶香與櫻花共舞的金谷茶園。

金谷茶鄉（水彩 54×78.5cm/1999）。

金谷車站南邊廣闊丘陵稱為「牧之原」台地，覆蓋了渥綠簇簇的一片廣大茶園。時間回溯至一八七六年，末代幕府大將軍德川慶喜還政予明治天皇的動盪時代，為紓解幕府失業家臣與武士的生計，特別集合了幕府舊臣披荊斬棘開墾了這片原野，並積極栽培生產綠茶，如今已成為號稱「東洋第一」的集團茶園。

每年春天至初夏，宛若舖了一張張綠油油地毯般的牧之原茶園，飄搖著陣陣茶香，不但為當地帶來了可觀收入，也造就了渾然天成的美麗風光。牧之原公園內，立有宋代赴中國修行並帶回茶種、傳授飲茶方式的榮西禪師塑像，對於今日以茶葉為最大經濟作物、且七成以上人口倚賴茶葉為生的金谷町

茶之鄉博物館的縱目樓茶室。

居民來說，榮西禪師的偉業應不亞於中國盛唐時遠赴天竺取經的玄奘法師吧？

由金谷町官方經營的「茶之鄉博物館」，即位於金谷密布的茶園之中，是全日本唯一的茶葉專門博物館。主要建物包括展示樓、商業樓、茶室與日式庭園等，前館長小泊重洋認為，二十一世紀日本茶葉的發展關鍵在於機械化、生態系、機能性與國際化，非常值得吾人深思。

館內最著名的建築是十七世紀日本尊稱「天下第一」的茶道宗師、作為當時德川幕府茶道師範的小堀遠州，所建築的茶室與庭園完整複刻；話說小堀遠州首創「綺麗空寂」的茶道形式，對於日本的茶陶茶器製作更有深遠的影響，在日本的歷史定位並不下於中國唐朝的茶聖陸羽。室內完整保留了當時精雕細琢的工藝；庭園浮現在澹澹水面上的木造茶亭、白石垣、綠池等，充分展現了日本傳統建築之美。

優雅的「縱目樓」茶室就在小橋流水環抱的日式庭園中，潔淨的榻榻米上，身著莊嚴和服的專業茶師，以精緻的志戶呂燒茶碗為我示範日本的抹茶道。而在庭園素雅的青簷白牆外，有護城河般的流水淙淙，我特別踏上連接的八曲橋，眺望周邊茶香與櫻花共舞的迷人景致。以頭戴白雪的富士山作為背景，無限展延的茶園如手卷般攤開，密集的葉面飽含濕潤的光澤，將微微雨中的朵朵櫻紅襯映得格外嬌妍，整個心彷彿也跟著火紅的櫻花燃燒了起來。

原載於二〇一三年二月二十六日《人間福報》副刊

茶之鄉博物館縱目樓茶室內的抹茶道示範。

# 在龍貓的故鄉尋訪狹山茶

看過日本TBS電視劇「夫婦道」的朋友，對入間市或狹山茶應該不會陌生。沒錯，由武田鉄矢、高畑淳子主演的該劇共十一集，就是描述埼玉縣入間市狹山茶園一對夫婦日常生活的家庭劇，由於劇情寫實歸真，與近年普遍偏離實際生活的日劇不同而深受歡迎；兩岸也有許多朋友透過租片或在土豆與優酷等網站觀看，據說有人看過後「眼睛都哭紅了」。

打開日本茶葉史，早於九世紀初的平安時代，傳教大師最澄就從中國天臺山國清寺將茶種帶回日本，種植於京都；至西元八三〇年，慈覺大師圓仁在埼玉縣川越市建造無量壽寺北院、中院與南院，並將茶種從京都比叡山攜來，種植於中院，中院因此成了狹山茶的發源地，至今還留有紀念石碑，讓後人緬懷慈覺大師的偉業。

儘管北院今天已改名為「喜多院」，依然是埼玉縣最大的代表寺院，每日均有香客絡繹不絕，院內許多建築如仙波東照宮、多寶塔、山門、客殿、五百羅漢、慈惠堂等，也都指定為重要文化財。

川越市中院是狹山茶發源地。

中院又稱「佛地院」，正式名稱為「天臺宗別格本山」，從屹立山門外的石柱「日蓮上人傳法灌頂之寺」看來，顯然與日蓮正宗也有密切關係了；就在我舉起相機拍照的同時，《南無妙法蓮華經．壽量品第十六》彷彿也在耳際不停迴繞。古木參天的幽靜院內，有座明治至大正時期著名詩人與小說家島崎藤村，贈與岳母加藤幹的茶室「不染亭」，目前也已列入文化遺產。

長久以來，國人對日本三大名茶中的靜岡或宇治茶並不陌生，至於狹山茶就所知有限了。因此在旅日好友山本明香的悉心導覽下，我特別走訪埼玉縣「找茶」，第一站當然是前往川越市的

中院內著名詩人與小說家島崎藤村所建茶室「不染亭」。

中院朝聖了。其實緊鄰東京都、從十七世紀江戶時代就作為「城下町」的川越，車程僅需一個小時，由於二戰末期未曾遭逢戰火，而留下了大量寺院與歷史街道，而有「小江戶」之稱，放眼所及盡是青磚瓦片建築的倉庫群與古老住宅、世代相傳的百年老店等，充滿濃濃的懷舊風情。

東京都與埼玉縣之間的狹山丘陵，不僅在一九八八年做為宮崎駿動畫電影「龍貓」的故事背景而聲名大噪，也因為緊鄰的地理位置，使得狹山茶有東京都產與埼玉縣產之分。

為了進一步深入瞭解，明香特別安排我前往狹山茶最大產區的入間市，到世居當地的茶農三木家作客。與其他茶葉產地比較，入間較為寒冷，使得茶葉較厚，通常還以「狹山火入」的特殊方式進行加工，所成就的甘甜濃郁則成了當地茶葉的最大特徵。

與台灣茶園多位於郊區鄉間或高山之上，且多遠離住宅明顯不同，狹山茶園往往在市區即可瞧見，且幾乎與櫛比鱗次的農舍或住宅緊鄰，一根根防霜害用的銀色三葉片螺旋風扇，彷彿電線桿般密集遍佈其間，與顏色或紅或澄的明豔屋頂構成繽紛的畫面。

正如劇中武田鉄矢飾演的好爸爸高鍋康介，謙卑、熱情又爽朗的三木正充，怕我們迷路在一畦畦的茶園之中，特別相約在入間市博物館門口，由他的兒子三木宏征開著小車帶領我們進入茶園參觀。他說入間市茶農大多一貫化地經營栽種、製茶至販售，因此民眾多能直接

入間市區內緊鄰房舍的狹山茶園。

向茶農購買茶葉。

話說日本茶包括煎茶、玉露、粗茶、抹茶、玄米茶等多種，全為不發酵的「蒸菁」綠茶，其中且以玉露等級最高。果然在他綠浪推湧的茶園之中，有一處就以偌大的黑網遮蔽，三木君告訴我那正是作為「玉露」的茶樹，在採摘前一個月必須搭棚覆蓋，以降低陽光照射。陰暗處緩緩培育生長的茶葉，不僅能保留較多的葉綠素，且葉肉柔嫩、水分飽滿。為了成就雍容細膩的茶香，還需以手工採菁，從蒸菁、烘葉（或稱葉打）、揉捻、乾燥、精揉至複火，每一步驟均依循世代累積至今的古法工藝製作；其他未遮蔽的茶樹則產製一般煎茶。

迫不及待坐下來，看著三木宏征熟練地

以側把急須沖泡玉露茶，青綠的茶湯在白色茶甌中鮮活呈現，杯緣且有流金般的湯暈層層擴散；帶有些許海苔味的飽滿香氣，則以柔滑如絲的黏稠徐徐入喉，瞬間拂去我長途旅行的疲憊。三木夫人還笑盈盈地奉上親手製作的麻糬，圓潤綿密的口感，配上玉露濃郁甘醇的特殊風味，令人回味再三。

原載於二〇一三年七月三十日《人間福報》副刊

在白色茶甌中鮮活呈現青綠茶湯的玉露茶。

# 在月亮的淚光中看見茶

石黑光南以一支鐵鎚敲出足以傳世的銀壺系列精品。

四月不是菊花盛開的季節，我卻看見一片片綻放的菊花瓣，渾身是勁地在飽滿的壺面閃耀光芒。

四月的月亮似乎也不宜做為千里嬋娟的共同標的，而我卻能發現月亮的盈盈淚水，在茶香中凝聚清晰又透亮的層層湯暈。

第一次跟石黑光南先生正式見面，透過翻譯，我終於知道為何過去看過許多銀壺，卻從來不曾有過如此感動的原因。因為先生告訴我：「銀器製作是持有鐵鎚和技術的人內心的世界；金、銀試煉人心，心有邪念者絕對敲不出絕美藝品。只有抱持澄明禪心，才能創造出光彩永恆的工藝精品。」

細看燈光下銀壺流曳的光芒貴氣，我尤其喜歡石黑先生對兩款貴重金屬做為媒材的虔敬：「金是太陽的汗水，銀是月亮的眼淚」，詩的語言令人震撼。

話說閩南語有句俗諺「春天後母心」，今年四月的台北也確實如此：天空始終陰晴不定，氣候忽冷忽熱，容易讓人感到毛躁不安。麗水街的「梅門」特別激請手造鍛金工藝世家「東浦銀器」第二代傳人石黑光南、表千家抹茶道傳人津田美智子教授，以及九州三川內燒傳人中里博彥等，來台做銀壺、香道、花道、茶道以及瓷器、漆器等茶具的交流、教學與展覽。彷彿一場適時的春雨，漱去連日來政壇數起弊案的陰霾煩囂，也為台北帶來清新的春意與繽紛。

今年七十二歲高齡的石黑光南不是第一次來台北，早在四年前，梅門創辦人李鳳山師父在百貨公司驚艷石黑的銀器作品後，就年年邀他來台做觀摩展出。石黑先生忠實傳承了日本江戶時代的鍛造、雕金、鑲嵌等技法，五十年始終以一顆禪心，憑著對傳統技藝的堅持，以一支鐵鎚敲出「玉霰」與「敲打」等足以傳世的系列精品。目前主要作品為湯沸（燒水壺）、急須（泡茶用的小壺）等茶器，均以造型端莊古樸、優雅大氣，且柔韌極富張力著稱，在全球享有極大盛名。

首次看石黑先生專注敲打銀器，發出的悅耳聲響竟有如指尖在琴鍵敲出音符般，旋律單純但節奏輕快，還斟了滿滿的歡喜心。詳細問個究竟，原來是他獨創的「玉霰」技法中，必須透過身體記住節奏，才能成就整體完美的線條，否則一個敲打錯誤就會前功盡棄，讓我大感驚奇。

所謂「霰」，本為低溫時降下的一種白色不透明、近似球形或圓錐形，較雪更為密實的「雪珠」或稱「軟雹」，觀看石黑製作的銀壺或茶倉，外觀經常可見一顆顆突起，細緻如雪珠般嚴整排列，彷彿如來垂目合十，結跏趺坐蓮花之上，千錘百鍊所成就的「玉霰」令人動容。石黑先生說，透過凹釘、凸釘將銀板敲出一粒粒乳釘表面，還需以松脂灌進銀板壺身雛型，完成表面紋路後再將樹脂倒出成形。「霰」的數量少則三千、多則高達七千粒，包含五至六種大小變化，而一個銀壺至少要經過數萬次的鎚打才能成形，令人難以想像。

儘管今天玉霰造型也廣為台灣陶藝家所模仿，運用在茶壺、茶倉的外觀，但以模具逐一將陶土黏貼的技法，顯然要輕易多了。

從菊花盛開時，花瓣的線條演變而來的靈感，則是石黑光南自創的另一種「鍛金技法」，利用松脂的可溶性，先灌進由一片銀板手工敲打出雛型的壺身裡，再利用傳統鐵鎚由外向內一點一點敲打出需要的線條後，再將松脂倒出成型並修飾完成，一朵朵透明的菊花在銀壺表面怒放，讓人在品茶的瞬間感受秋天的涼意，最是愜意不過。至於外觀暗沉的古銅色銀壺，則是利用硫化處理所呈現，也較不易氧化。

近年茶文化蓬勃發展，對岸經濟快速崛起又創造了不少炒手買家，日本鐵壺和銀壺被炒得漫天價響，兩年前西泠秋拍一把「大國壽朗」鐵壺，曾拍出令人咋舌的

石黑光南千錘百鍊所成就的玉霰湯沸令人動容。

津田美智子教授與助理同時呈現香道與茶道的精髓。

九十五萬人民幣天價；以貴重金屬手工鍛造、過去只有貴族才能使用的銀壺，加上坊間盛傳「銀壺煮水能使水質變細變軟、茶湯更加香醇」之說推波助瀾，當然更炙手可熱了。其實日本銀器早在中國唐代同期即已出現，但銀壺、銀杯、香爐等茶道器皿則應始於江戶時期，傳承至今三百多年間，留下許多質地細膩、造型幽雅的精品，成了藏家競相蒐羅的目標。

遠自唐宋時期，日本就不斷透過遣唐使、留學生、僧侶等輸入豐富的中國文化，經過融合而發展為獨樹一格的精緻文化，尤以「茶道、香道、書道、花道」四大傳統最為著名。茶道包括源自中國宋代點茶法的「抹茶道」，以及源自明代瀹茶法的「煎茶道」兩者。一般認為，宋代浙江餘杭徑山寺圍座品茶研討佛經的「茶宴」，就是今天日本抹茶道的濫觴，由當時日本遣唐使之一的佛教高僧榮西禪師，將徑山寺茶宴與抹茶的製法傳回日本。

抹茶道也稱做「茶之湯」，進入日本後由村田珠光、武野紹鷗等先賢發揚光大，很快就發展出自己的風格與流派。最著名的是豐臣幕府時代、提出「和敬清寂」為茶道根本的一代宗師千利休，後來他的孫子千宗旦將千家家督交由三男千宗左繼承，成為本家的表千家。次男宗守與四男宗室則自立為武者小路千家與裏千家，合稱「三千家」傳承至今。

津田美智子教授不僅帶來表千家抹茶道展演，也帶來了池坊流的花道與香道。在發表會的同時，津田教授從割香、起灰、點炭、鋪灰、開火窗到上香木，用銀葉夾挾起銀葉放在灰山上，再用香匙舀起香木置於銀葉之上隔灰悶香，完整的香道示範開始。她的兩位助手津田和美與石黑桂子則在華麗的和服掛飾下呈現茶道最優雅的一面。

原載於二〇一三年四月九日《人間福報》副刊

# 茶席在姹紫嫣紅茶園間

車輛從梨山大街明顯地標「飛燕城堡」右轉進入產業道路，經過退輔會福壽山農場旗幟飄揚的大門後，陽光忽地熾燃了起來，碎雲飄過山坳微微搖晃的蔥鬱青青；儘管久經土石流肆虐的路面顛簸不堪，寶石藍的天空在遠處依然以稜線清楚分割坡崁上嚴整的茶園。春末造訪梨山茶區，預期的嵐霧顯然是遲到了，取代的是青背山雀啁啾掠過的驚喜。

位處海拔二千至二千六百公尺的高度，被茶人普遍尊為「茶中極品」的梨山茶，是台灣茶園種植的最高點，春茶大多在五月中旬以後才開始採摘，但仍有少數向陽的茶園忍不住提前綻放，就在穀雨後，少數茶園出現了採茶婦女嘹亮的歌聲，茶廠也開始忙碌了起來。

於是阿亮乃欣然受邀，在福壽山茶業主人呂君的盛情邀約下前往，一探梨山今年最早的茶香秘境。

話說一九九九年發生的九二一大地震，早將四十多年前、國軍退除役弟兄費盡千辛萬苦才完成的中部橫貫公路，谷關至德基之間攔腰折斷，梨山風景區也從此一切為二。儘管期間曾耗費鉅資一度搶通，但三年後卻再度毀於無情大水，讓甫修復的青山路段再次受到重創，交通因而全面中斷，至今修復計畫仍遙遙無期。

因此前往梨山，必須繞道經由南投埔里、霧社，再接力行產業道路；一般轎車還得從清境、合歡山經大禹嶺。北宜高速公路通車後，改從宜蘭下交流道經員山、大同接台七甲線，不斷翻山越嶺、攀過雲層處處方能抵達；而銜接各茶園的小型產業道路至今仍支離破碎、險象環生。不過樂天知命的茶農與原住民朋友依然胼手胝足，在雲霧終年裊繞的虛無飄渺間奮鬥不懈，辛勤打拚的精神令人感動。

今日梨山茶的界定範圍，包括「前山」的福壽山農場、大禹嶺、佳陽、天府、碧綠溪；以及「後山」的華岡、翠巒、吊橋頭、三角點、舊力行產業道路十八公里處等地茶園所產製的茶葉，廣義的梨山茶再加上武陵、翠峰等區，涵蓋台中市和平區與南投縣仁愛鄉兩地。茶園總面積約一四〇甲，大大小小的茶廠約莫二十家左右，目前每季總生產量約十萬斤。除了部分原住民自有茶園外，大多數的茶園或茶廠土地也都是向原住民承租而來。

行經天池，再往西進入華岡，福壽山茶業偌大的廠房總算映入眼簾。為避免陽光太強時紫外線對茶菁造成傷害，藍天白雲正透過日光萎凋的大黑網，為地面晶瑩剔透的肥嫩茶菁釋出無數光點。層層相疊綿延不絕的茶園則若無其事地聚焦網外，嚴整有序地羅列在群山碧巒之間，豐盈的景象令人陶然。

呂君頗為自得地告訴我，經過多年的努力，原本種植不易的鐵觀音，自唐山浮海東渡台灣將近一世紀後，也翩然落腳在高海拔的梨山延續香火。他說茶樹係木柵所引進，為變異種的紅心歪尾桃，在高海拔山區僅能「單枝土長」，較少側枝發展，繁殖較為稀疏，不過每株都展現了驚人的生命力。

為了一睹高山鐵觀音成長的風采，呂君特別用他的悍馬車一路顛簸，載我們前往大禹嶺後山的吊橋頭。抵達後的眼前景象讓人吃驚，原來為了保護生態，茶園全採

自然工法種植，陡峭的山坡開滿了多種美麗的奇花異草，或紅或綠或紫或黃，生氣盎然地與茶樹共生共榮，在海拔二千一百公尺，堪稱全球最高的鐵觀音茶園上，構成了亮麗璀璨的壯闊畫面，讓我忍不住抓起相機「喀嚓喀嚓」猛按快門。

我順手摘下一片芽葉仔細端詳，葉肉果然特別肥厚柔軟，葉面組織也十分綿密。呂君說製法上，融合了安溪鐵觀音與台灣高山烏龍的工藝，輕焙火、口感接近原味；既有安溪鐵觀音飽滿濃郁的官韻，又帶有高海拔特有的「高山韮」，即冷涼、清香、甘甜等明顯特質，果膠質也是一般高山茶的四倍。

看他說得神龍活現，身為茶藝教師的阿菁特別提出沖泡的要求；儘管一臉錯愕，當下還是從行李箱取出燒水壺、折疊桌椅、茶巾與茶器等，找塊平坦的空隙擺設妥當。就在一片奼紫嫣紅的茶園之間，高山上的鐵觀音茶席於焉呈現，為黃山雀適時的悅耳啁啾提供最貼切的畫面。儘管高山上水溫不盡理想，鐵觀音且為去年的冬茶，開湯後仍能感覺一股幽雅清香徐緩升起擴散，亮麗鮮活的黃綠茶湯則在陽光下，不斷反射雲朵游移的律動。

最高海拔的鐵觀音茶園，最接近天空的茶席，在呂君忙著為我倆瘋狂行徑錄影的同時，阿菁和我都感受到大地最自然的呼吸；接過第一杯熱茶輕啜入喉，整個心都雀躍了起來。

原載於二〇一三年七月十六日《人間福報》副刊

# 台灣紅茶的故鄉日月潭

日月潭東側形如日輪、西側狀如月鉤，由山與水共同交融構成的美麗景致，始終受到海內外觀光客的喜愛。不過，儘管多數人都知道，位於台灣中央南投縣魚池鄉的日月潭是台灣最大的淡水湖泊，也是最美麗的高山湖泊；卻不知她也是台灣紅茶的故鄉，著名的「日月潭紅茶」曾名列台灣十大名茶之一，從日據時代迄今，不知為台灣創造了多少可觀外匯。

日月潭畔的貓囒山是台灣大葉種紅茶的故鄉。

日月潭畔的香茶巷內林立著大大小小的民間茶場與紅茶屋。

貓囒山是台灣最早引進大葉種紅茶的所在，官方茶業改良場魚池分場即設於此，日月潭的美麗山水在此可以盡收眼底。附近還有座歷史悠久的「日月老茶廠」，遊客如織的魚池大街上，更隨處可見「香茶巷」、「金天巷」等一連串美麗的巷道命名，林立著一家家的民間大小茶廠，以及外觀漂亮的紅茶屋等彼此競艷，包括網路上爆紅的和菓森林紅茶公主、香茶巷四〇號等，為日月潭周邊更添幾分浪漫與甘醇。

除了少數野生山茶外，早年台灣茶樹品種與製茶技術多半來自福建等地，尤以烏龍茶為多。至於紅茶，原本先民也曾以小葉種的黃柑製作，但真正大規模製作紅茶並開拓外銷的榮景，卻始於日據時期。

時光拉回至一九二五年，殖民政府引進當時最受歐美市場歡迎的印度阿薩姆大葉種茶，在日月潭畔的貓囒山試種成功。次年二十二歲的新井耕吉郎奉派至台灣做紅茶育種，一九二八年日本三井農林株式會社就以"Formosa Black Tea"的品牌，將日月紅茶外銷倫敦和紐約，並在拍賣市場大放異彩。一九三六年正式設立魚池紅茶試驗支所，也是今天台灣茶業改良場魚池分場的前身。

台灣光復後，新井耕吉郎繼續為前來接收的國民政府所延聘，至一九四七年不幸染上瘧疾而猝逝前，都還在為台灣紅茶的研發而努力。為了紀念他的貢獻，光復後首任所長陳為禎特別在試驗所旁的茶園建碑紀念。而二〇〇八年十月，才華洋溢的奇美集團創辦人許文龍，也特別為他雕塑銅像供現代茶人瞻仰。

話說魚池、埔里一帶環境非常適合阿薩姆茶生長，製成的紅茶水色艷紅清澈，香氣醇和甘潤，因此魚池分場以阿薩姆在台改良、於一九七四年正式命名的「台茶八號」品種，不僅足可與原產地印度及斯里蘭卡的紅茶媲美，濃醇的滋味更有過之而無不及。味道濃郁、甘醇而獨特，茶湯水色尤其紅濃明亮，且帶有淡淡的玫瑰花香，最適合沖泡奶茶或調製加料茶。因此近年台灣消費量驚人的泡沫紅茶或珍珠奶茶，即便原料多來自斯里蘭卡、越南等地進口，但為了強化自家連鎖品牌的香醇形象，往往都會以台茶八號紅茶拼配作為秘密武器。

從阿薩姆紮根貓囒山到七〇年代，日月潭紅茶或稱魚池紅茶的外銷成績屢創高峰，全盛時期茶園種植面積曾達三千公頃，可惜至九〇年代又大幅沒落。而一九九九年震驚全球的九二一大地震重創南投，茶業改良場為協助農民重新站起，特別以長達五十多年的試驗研究，挑選出最具特色的優良品種，也是首度以台灣野生茶做為「父樹」，與緬甸大葉種紅茶作為「母樹」的愛情結晶，就是俗名「紅玉」的台茶十八號，成功為魚池紅茶再一次擦亮招牌，讓台灣紅茶「絕地大反攻」再度站上國際舞台。沖泡後所散發的天然肉桂淡香與薄荷的芳香，徹底征服了老饕的味蕾，普遍為紅茶專家推崇為特有之「台灣香」，並堪稱世界知名紅茶中

日本人新井耕吉郎終其一生都在為台灣紅茶的研發而努力，
奇美集團創辦人許文龍特別為他雕塑銅像供現代茶人瞻仰。

台茶 8 號、紅玉、紅韻、紅寶石、祖母綠（由左至右）等五種不同風味的日月潭紅茶比較。

極為獨特的品種，目前且成了外銷俄羅斯最火紅的茶品。

至於二〇〇八年才正式命名推出的台茶二十一號，俗稱「紅韻」，則兼具阿薩姆種與祁門種親本之優點，茶湯水色金紅明亮，滋味甘甜鮮爽，茶葉香氣表現極為突出，帶有濃郁花果香，香氣類似柑桔植物開花時所散發之花香，也是最具高香特質的紅茶新品種。

走進茶改場魚池分場，除了滿山遍野的茶園外，還可以發現一棟黑白雙色的三層木造建築，那是日據時期所完整保留下來的舊茶廠，也是目前全台碩果僅存的英國傳統式紅茶廠房，當年完全仿造自英國在印度、錫蘭等地製茶廠，也是南投縣政府指定的歷史建築之一。包括地板、窗戶、樓梯、門板在內，全以純檜木建造，不僅可吸濕、防水、保溫還可隔熱。廠內全為早年英國進口的揉捻機、茶菁切斷機、解塊機、風選機、乾燥機等製茶機具，迄今依然虎虎生風地服役中，為延續台灣的紅茶發展而努力不懈。

台灣光復後，三井農林株式會社改制為台灣農林公司，原魚池茶廠也成了今日家喻戶曉的日月老茶廠，所推出的「日月紅茶」一直深受喜愛。今天也從單純的製茶廠轉型成兼具生產紅茶、有機農業、推廣健康飲食與環境的觀光茶廠。保留了五十多年的大型製茶機具也繼續正常運轉，讓慕名而來的觀光客大老遠就能感受空氣中瀰漫的濃郁茶香。

原載於二〇一二年九月《海峽茶道》

# 小葉紅茶在台崛起

一般人印象中，台灣向以清香獨具的高山茶、包種茶等半發酵烏龍茶聞名全球，其實全發酵的紅茶也曾有輝煌歷史：在一九四〇至七〇年代，南投魚池與新竹關西等地產製的紅茶，出口量曾高達七千公噸，是當時最耀眼的外銷主力。然而曾幾何時，由於農村勞力缺乏、工資高漲，台灣紅茶在國際茶葉市場上節節敗退，至九〇年代甚至從出口最多的茶類轉變為進口最多的茶類，台灣主要茶品也再度為烏龍茶所取代。

一九九九年六月，農委會茶業改良場推出的台茶十八號「紅玉」大葉紅茶，成功為台灣紅茶再一次擦亮招牌，也使得台灣各地茶農躍躍欲試，開始以適製烏龍茶的青心烏龍、金萱、翠玉等小葉品種製作紅茶：原本只是將價格不高的夏茶改製紅茶，未料推出後市場一片看好，價格節節攀升。使得許多茶農紛紛將春冬茶也改製紅茶，從北台灣的石碇、坪林，到以清香型獨步全球的梨山、大禹嶺、阿里山、杉林溪等高山茶區逐漸擴大，不僅改變台灣茶葉市場生態，品飲習慣也有了顯著變化。

其實台灣先民早在百多年前即已採用小葉種的黃柑製作紅茶，但品質滋味不夠香醇，至日據時期的一九二五年，才自印度引進當時最受歐美市場歡迎的阿薩姆大葉種茶，此後台灣紅茶就一直是大葉種的天下。在七〇年代以前大量外銷日本、美國、歐洲及澳洲等地，不讓印度大吉嶺、斯里蘭卡等地紅茶專美於前。

事實上，紅茶最早起源於中國福建武夷山市星村鎮的桐木村，從明末清初發跡的正山小種，到今天名滿天下的安徽祁門紅茶、福建金駿眉等，全都以小葉種茶樹為原料。只是鴉片戰爭後，英國東印度公司自福建取經，習得紅茶製作技藝後，在印度、斯里蘭卡等地，採用當地大葉種的阿薩姆茶樹製作紅茶，經由英國下午茶文化風行至全球各地，才會讓許多人有「紅茶多為大葉種」的誤解。因此今天台灣小葉種紅茶的崛起，應可稱為紅茶的「復古與創新」才是。

以杉林溪茶區的軟鞍為例，八卦茶園的阿宏說，儘管種植茶樹全部為青心烏龍，由於自家茶園面積廣闊，春茶在採摘第四、五天後，尚未採收的嫩葉往往遭小綠葉蟬叮咬得不成「茶」樣，勉強採收後製成的茶品也缺乏賣相；因此從兩年前起乾脆改製為紅茶，經由小綠葉蟬「著蜒」後散發的蜜香，加上高海拔特有的冷萂與花果香，當季產製的一千斤左右紅茶，市價竟超過自家原本足以為傲的高山茶，外銷英國、日本也大受歡迎。

一般來說，大葉紅茶兒茶素較高，甘香濃醇且茶湯強勁，適合歐美人士喜歡加糖、加奶精，或製成各種調味茶的品飲習慣。而東方人喝紅茶大多「純喫茶」以小壺沖泡，香氣清雅且具甘醇蜜味的小葉紅茶因此能在台灣快速崛起。尤其高山紅茶沖泡後艷紅透亮的湯色，緩緩釋出的幽雅花果香，冉冉飄逸擴散。輕啜入口入喉，甘醇的口感在舌尖與喉間回吐的熟韻交會舞動，更有飽滿的山靈之氣慢慢沁入心腑，這是一般紅茶所沒有的特色，也是讓台灣紅茶再度站上國際舞台的閃亮賣點。

原載於二〇一三年一月二十二日《人間福報》副刊

以德化磁器包裝的土樓紅美人。

# 在福建土樓看見台灣美人

在雲水謠古鎮的一座土樓茶屋內，南靖茶友蘇君向我展示了一只精緻的紅色瓷瓶，一眼就可以認出，那是名滿天下的福建「德化窯」所燒造，取出的茶品應該相當珍貴了。果然撕開五公克的小包裝，紅琥珀般潤澤的眉鋒在茶則內笑得開懷，正是僅採芽尖所製作的紅茶。開湯後隨即有一股淡淡的蜜香釋出，輕啜一口入喉，風味與口感都接近台灣花蓮的蜜香紅茶，只是茶質原料與飽和度明顯不同罷了。

果然是從台灣取經所得，蘇君坦然告訴我，原料係南靖特有的「丹桂」品種，透過台商的轉授，以小綠葉蟬「著蜒」後的嫩芽所製作，介於東方美人茶與紅茶之間的「土樓紅美人」。

從廈門經高速公路直下南靖，大大小小的客家圓樓與方樓密集地呈現眼前，形狀各異而氣勢磅礴，微微風中綠浪推湧的茶園則在周遭緩緩展開，不時還可見「品南靖丹桂、賞土樓奇景」的大型廣告招牌，顯然在聯合國教科文組織正式列入世界文化遺產後，土樓與茶葉已成為南靖「拚經濟」的兩大支柱了。

南靖客家人常說自己身在「土樓王國」之中，縣內土樓高達一萬五千多座，除了常見的圓樓與方樓，還有橢圓、五鳳、門月、八卦、凸字、馬蹄、扇形等。據說早年美國太空總署透過衛星拍攝發現，竟誤認為飛碟或導彈發射基地而大為驚恐，在當地引為笑談。無怪乎日本建築學家茂木計一郎要讚嘆為「天上掉下的飛碟，地上長出的蘑菇」了。

其中密度最高的河坑土樓群，由二十七座土樓組成，號稱「北斗七星」的樓底多以卵石打基礎，再用深層泥土夯成三四層樓高的牆體，高大的樓體與周遭的堂屋密集排列，綠油油的稻田與茶園彷彿彩帶般，向暖陽饗以最虔敬的律動。層層疊疊的豐饒畫面讓我忍不住放下相機，抓起畫筆記錄瞬間的感動。

古稱蘭水縣的南靖，地處福建的高海拔山區，長年氣候溫潤且無霜期長，尤其氣溫與降雨的垂直變化顯著，霧大露多，種茶條件特別得天獨厚，因此客家人篳路藍縷開闢的茶園，自古就是閩南烏龍茶的傳統產區之一。

由27座土樓組成的河坑土樓群（茶票紙水彩55×71cm/2011）。

今天南靖茶樹品種雖有毛蟹、黃旦、本山、白芽奇蘭等十種之多，但以「丹桂」最為著名，由福建省農科院茶科所歷經十九年，從武夷四大名欉之一的肉桂自然雜交的後代中，所選育培植的新品種：茶葉外形翠綠、茶湯金黃，全縣目前種植面積已達三萬畝，成為南靖在土樓之外的最閃亮明星。

初夏時節造訪南靖，放眼所及盡是一畦畦鬱鬱蔥蔥的茶園，而錯落在土樓之間一株株茶樹綻放的新芽，映照在茶農滿佈汗水與幸福的臉上，更令人感受客家鄉親知足常樂的天性。

在蘇君的陪同下步入茶園，果然不時可見浮塵子漫天飛舞的畫面。這種專門吸食茶樹嫩梗汁液的小綠葉蟬，曾是台灣茶農的心頭大恨，不過今天的身價已大大不同：儘管慘遭蟲吻（客語稱著蜒）後的茶葉會枯萎變黃，但節儉的台灣客家先民卻不甘丟棄，在日據時代以重萎凋、重攪拌、重發酵加上獨有的「炒後悶」手法，成就了今天台灣獨有的茶品，並以醉人的蜜香與熟果香，贏得今日市場上所向披靡的「東方美人」封號。

隨著台商的大舉西進，不僅福建、廣東一帶常見台商以相同品種與製茶工藝推出「台式烏龍茶」，經由小綠葉蟬著蜒而來的各種美人茶也逐漸在各地竄紅。不過各茶葉品種多有「適製性」，例如鐵觀音一般以紅心歪尾桃為「正欉」，東方美人則以青心大冇蜜味最為芳醇。

此外，美人的蜜香雖決定於著蜒程度的多寡，但熟果香則取決於製作工藝；尤其小綠葉蟬以刺吸式口器吸食新梗，葉面的蜜香則來自唾液的分泌，芽尖所能受惠相對降低。只是在號稱六、七萬個芽才能做出一斤紅茶的武夷山金駿眉，飆破二萬人民幣的天價後，嫩芽製作已成為今日中國紅茶的主流，非如此不足以開出高價，以南靖丹桂製作的土樓紅美人也不例外，成了辨識兩岸蜜香紅茶最明顯的特徵了。

原載於二〇一三年六月十八日《人間福報》副刊

# 美人也瘋狂

自從二十世紀初葉，勤儉持家的新竹客家人將沒人要的「著蜒」茶菁，以接近紅茶的重發酵度製成了五色繽紛的茶葉，並在日據時期的總督府賣出天價後，一度被譏為「膨風」的茶品從此躍上國際舞台，讓英國皇室驚豔為「東方美人」，成了台灣歷久不衰的最貴茶品。

不過美人並非天生麗質，無論客家話稱「著涎」、「著蜒」或「著煙」，或閩南語沿用稱為「蜒仔」的茶菁；都是一種名為「小綠葉蟬」的害蟲叮咬所造成的現象。還記得電影「魯冰花」嗎？每年芒種至端午期間，小綠葉蟬大量出沒在各地茶園，專門吸食茶樹嫩葉的汁液。儘管有個「浮塵子」的美麗別名，禁不起牠的深深一吻，青綠的葉芽頓時變黃萎縮，殘存的凋零模樣要說不醜也難。

偏偏節儉的客家先民不忍遺棄，硬是將其貌不揚的茶芽與茶葉，成功「整容」為全球獨有的白毫美人。著蜒造成的醉人蜂蜜香與熟果味，讓原本人人棄嫌的茶品鹹魚翻生，麻雀頓時變成鳳凰。

小綠葉蟬的成蟲體積只有針眼般大，長僅約二．五毫米，何能有如此驚人功力？其中奧秘就在於牠吸食芽葉的同時，也分泌唾液，能使茶菁散發出一股迷人的蜜味香氣，即閩南語俗稱的「蜒仔氣」。尤其茶葉經叮咬後，茶樹本身的治癒能力還會使葉芽的「茶多酚類」活性增強，「茶單寧」含量也會明顯增加。

因此近年茶業改良場積極在各地茶園推廣，希望為茶農帶來較高收益，並減少農藥的使用。美人風采從此在全台發

小綠葉蟬吸食芽葉的同時也分泌唾液，能使茶菁散發出一股迷人的蜜味香氣。

燒，目前除了新竹縣北埔、峨眉，以及苗栗縣頭份、頭屋、三灣一帶原有的東方美人茶（又稱膨風茶或椪風茶）外，先後有台北市木柵以鐵觀音製作的「蜜紅觀音」；還有新北市的「石碇美人茶」、桃園縣的「龍泉椪風茶」跟進，二者均取代了原本包種茶獨領風騷的局面。還有南投縣鹿谷鄉在九二一大地震後註冊的「凍頂貴妃茶」，以及梨山「典藏黑金」、花東縱谷的蜜香紅茶等。可說一時之間「天下皆美人」，而小綠葉蟬也從人人喊殺的害蟲，搖身一變成了茶農求之唯恐不來的搖錢樹。只要浮塵子熱吻加持，原本平凡的茶價頓時可以翻上數倍。

不過近幾年來，台灣的生態環境丕變，過去茶農大量使用農藥的結果，也使得小綠葉蟬數量銳減。好幾次我帶領學生前往茶園做生態攝影，早年浮塵子滿天飛舞的現象根本不再，往往尋覓多時才能發現牠們披著青綠舞衣活躍的蹤影。因此面對台灣各地逐年延燒的美人現象，著蜒的程度令人懷疑。

近年美人延燒中國大陸，也使得不少台商躍躍欲試。二〇〇三年遠赴雲南，並在普洱市成立「瀾滄裕嶺一古茶園開發有限公司」，取得景邁千年古茶樹群落五十年採摘權的客家人蔡林青，除了以全球唯一四大國際有機認證的普洱茶打響名號，來自新竹北埔的他從未忘情於家鄉的東方美人茶，看見古茶園也有小綠葉蟬漫天飛舞，立即以家中傳承的製法，用大葉

已故名作家三毛以茶館便箋書寫的東方美人茶。

東方美人帶有天然的熟果香與蜂蜜般的甘甜後韻，茶湯呈亮麗的金琥珀色。

種古樹茶菁做出了風味獨特、著蜒明顯的膨風茶，取兩者之優點而名為「古典美人茶」在中國大陸註冊，果然大受歡迎，價格比曬青普洱茶高出許多，依然供不應求。

有一次還在蔡君家發現一款存放二十年的美人茶，玻璃膨酐上的字跡引人好奇，蔡君說那是已故名作家三毛親筆所書，讓我嚇了一跳。蔡君解釋說，當時好友王淑琪在台北市南京東路開設「茅盧藝術茶館」，茶品大多由他所供應，三毛則是茶館常客。有次他從北埔攜來東方美人，三毛品後大為讚嘆，忍不住就取了茶館的便箋，以毛筆書寫「東方美人」四字，一直保留至今。果然翻閱三毛遺著《我的寶貝》，書中的兩篇散文〈初見茅盧〉、〈再見茅盧〉，就提到三毛常去的這家茶館，文中的「小琪」應該就是茶館主人王淑琪了。

目前美人身價每斤約有一千二至數萬元的極大落差，其中以新竹峨眉、北埔的東方美人身價最高。如何才能物超所值抱得美人歸？首先要辨別各地美人血緣與容顏的差異：傳統東方美人以青心大冇為原料，屬重發酵的「條型」包種茶，帶有天然的熟果香與蜂蜜般的甘甜後韻，茶湯呈亮麗的金琥珀色。貴妃茶與典藏黑金則是以青心烏龍產製的「半球型」中發酵茶，具蜜味與荔枝香，葉底保有凍頂茶「綠葉鑲紅邊」的特色，茶湯較接近橙紅色。而蜜香紅茶為大葉烏龍製作的條型紅茶，標榜果香、蜜香與花香。

從外觀來看，典型的東方美人條索完整、白毫肥大，呈現紅、白、褐、綠、黃五色，形狀自然蜷縮如花朵；少於五色就差了。沖泡後可取出葉底觀察，完整一心二葉者為上乘，支離破碎絕不是好茶。此外，夏天溫度高，小綠葉蟬最為活躍，「著蜒」的程度最佳，因此無論何種美人皆以夏茶為優。

不過，東方美人桂冠的由來，坊間普遍說法是：當年膨風茶飄洋過海至英國，由於外觀艷麗，沖泡後宛如絕色美人在杯中曼妙舞蹈，讓皇室貴族大感驚艷而賜名。因此不妨嘗試以英國骨磁茶具沖泡，再置入水晶杯中，用眼神先感受美人婀娜多彩的手姿熟韻吧。

原載於二〇〇七年四月《飲食》雜誌

# 北台灣最美的茶鄉

潭腰茶農曾仁宗來電說，多年來經過我不斷的報導，加上網路上瘋狂的轉發傳閱，今天茶園周邊每天都擠滿了觀光客，假日尚須實施交通管制，害得他開車進出家門都須承受路人異樣的眼光。尤其今春以來，每天至少湧入十輛遊覽車，山林中的蜿蜒小路被警方劃上紅線禁止停車，攤販也多了起來。儘管茶葉的銷售大幅成長，但平靜的生活卻也回不去了，電話中埋怨的成分大於感謝，讓我哭笑不得。

被網友暱稱台灣千島湖的翡翠茶鄉。

石碇是文山包種茶的故鄉。由翡翠水庫上游鷺鷥潭、塗潭、直潭所環抱的茶園，早於一九七一年翡翠水庫規劃興建前即已存在，一九八七年水庫興建完成後，集水區將原本相連的山坡地分割為多個小島，茶農被迫遷往高處，就連祖先留下的四合院古厝也從此淹沒水中。樂天知命的茶農為了無農藥無污染的好茶能繼續留香，依然留在潭腰打拚，結合湖光山色營造出優美的茶園動線，多處孤島也連接水天一色，成就蓬萊仙島般的勝境，被網友暱稱為「台灣的千島湖」。

話說清朝同治年間，台灣茶大量外銷，自文山茶區經石碇、深坑至六張犁到艋舺的茶路，牽動了當時北台灣經濟興盛的整個貿易網絡。日據時期的一九一六年左右，石碇與汐止、竹東並列為台灣三大茶市，當時盛況可以想見。

石碇茶區的潭腰、塗潭兩地，一年僅採三季，除了清明左右的春茶與十一、十二月的冬茶，製作為條型包種茶外；必須倚賴小綠葉蟬「著蜒」的美人茶居然在穀雨前後，即春茶採摘後不久就直接採摘，比起新竹北埔、峨眉一帶的東方美人茶（芒種至端午之間）足足早了一、兩個月，一樣能做出金琥珀湯色的香醇茶品，閩南語俗稱的「蜒仔氣」也絲毫不減，除了自然散發的迷人蜜香，又不失傳統包種茶活潑甘醇的特色，乾茶外觀也呈現繽紛的五色。

位於北宜公路沿線的潭腰與塗潭，儘管隸屬新北市石碇區，卻與石碇老街相距甚遠。世居當地的曾仁宗說，潭腰種植茶樹以青心烏龍為主，金萱、翠玉次之，但由於成本考量，幾乎都以機採方式採茶。我曾多次在茶園內發現完整的烏巢與尚未孵化的蛋，甚至還有與蛇擦身而過的驚悚經驗，顯然無農藥所言不虛。產製的包種茶呈蜜綠或金黃透亮的茶湯，入口即有綿密細緻的蘭桂花香停駐舌尖；獨特的文火焙香也頗為深遠，讓人彷彿含進漫山的雲霧與綠意，而幽長迴繞的杯底餘香更令人深深沉醉。

近年小葉種紅茶在台崛起，翡翠茶鄉也順勢推出青心烏龍為主的條型小葉紅茶，條索特別緊結尖細，朱紅艷麗的茶湯且帶著甘醇蜜味，湯色鮮紅明亮且帶「活性」，特有的濃郁花香也令人回味。

正如我常在電視節目上大聲呼籲「比起價昂的高山茶，北台灣石碇坪林一帶的包種茶其實毫不遜色，只是消費者近年普遍對高海拔的迷思罷了。」因此平日喜歡喝茶藏茶的雄獅集團總裁王文傑有次來訪，品賞翡翠茶園的包種茶與小葉紅茶後深感不可思議，驚艷之餘，也特別以實際行動呼應，大量訂購並經過精緻包裝，搭配湖光

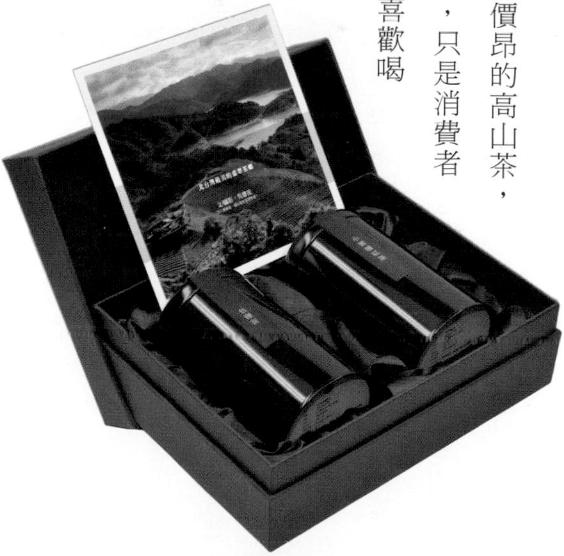

雄獅集團以翡翠茶園兩款茶品作為台灣嚴選伴手禮。

塗潭畔著名的「台灣版長江第一灣」。

山色的迷人照片，作為「台灣嚴選伴手禮」贈送客戶，果然深受海內外朋友的青睞。

潭腰還有項特殊茶品「急凍茶」，三十多年前才從雲林移居此地的莊清和說，提到名聞遐邇的文山包種茶或石碇美人茶，遊客最先想到的一定是坪林或石碇老街，二者皆輪不到潭腰，因此他才突發奇想，大膽將過去曾經有人嘗試、卻始終未成氣候的急凍茶做為茶園主力產品，果然一炮而紅，讓上山尋幽訪勝的遊客趨之若鶩。

提到急凍茶，許多人不免想到多年前由阿諾·史瓦辛格在「蝙蝠俠」片中飾演的「急凍人」，茶商多以「冷凍茶」稱之。作法是在包種茶乾燥過程中急踩煞車，將已經萎凋、殺青、揉捻完成，但尚未乾燥完全的茶葉迅速放進冷凍庫急凍，如此不僅能完全保留輕發酵包種茶特有的花香，香氣也更為清揚。

在我的要求下，曾仁宗從冷凍庫中取出茶品，茶葉表面還留有冰塊結晶，讓人驚呼應該改名為「剉冰茶」才是。冷凍緊結成塊的茶品必須像普洱茶餅般剝下，置入壺中以滾水沖泡，沖開後頓時香氣四溢，比起正規的包種茶顯然花香更為凸顯清揚。

不過，急凍茶以香氣取勝，而非外型的美醜，因此從不考慮傳統半發酵茶的「綠葉紅鑲邊」。而乍看之下彷彿泡過水的茶底，甚至還有些其貌不揚的急凍茶，只有親身體驗品賞，被迷人香氣所深深吸引過的朋友，才能明白箇中奧妙吧？

從潭腰驅車順著蜿蜒產業道路續往前行，塗潭畔就是著名的「台灣版長江第一灣」；話說中國長江的上游金沙江，從青藏高原奔騰而下，進入雲南省後，在香格里拉縣城南部沙松碧村，與麗江市石鼓鎮之間，突然來了個一百多度的急轉彎，轉向東北，形成了罕見的V字形大彎，江流從此逆轉進入中原，人們稱之為「長江第一灣」。但從北宜路六段潭塗巷進入的塗潭急彎，外觀儘管小了那麼一號，但秀麗的景致卻遠遠超過了大陸版的長江第一灣。

最重要的是，做為長江第一灣的茶馬古道重鎮，石鼓並未產茶；但潭塗與潭腰卻有著盛名的包種與美人茶，近年更有新崛起的小葉種紅茶問世，可說是北台灣最美的茶鄉了。

原載於二〇一三年一月八日《人間福報》副刊

# 從夏威夷大島來的茶

在麗水街的三古手感坊與默農喝茶，順便看看他的壺藝新作品。就在東方美人濃濃的蜜果香瀰漫整個室內時，門環忽地叮噹作響，進來的是壺藝家友人陳景亮，身邊還帶了個「日本臉」十足的美國人。

他是伊野考博，黝黑的臉上始終掛著誠懇的笑意，夏威夷的第一個也是至今唯一的茶農，在夏威夷群島最大的「大島」山上種茶。

大島？多麼遙遠又記憶熟悉的地方，不過此大島卻非日本伊豆半島旁作為電影「七月怪談」場景的大島。一九九七年初秋經由好友彭晨的安排，我曾在火奴魯魯（檀香山）度過了美好又悠閒的十天假期，最後還意猶未竟地搭乘小飛機飛往大島，下榻的希爾頓酒店正是當時李登輝前總統訪問中南美回程的中繼站。

大島擁有四座活得嚇人卻又淒美無比的活火山，不停流動的紅通通岩漿、終年瀰漫的煙灰熱氣至今還滯留我的腦海中，景亮說今年離去前才又爆發了一次，委實驚人。此外，綺麗

Premium Green Tea is our spring tips, hand picked and hand processed, selected for fresh and pure taste.
Mauna Kea Tea is a family owned tea farm in Hawaii. We grow and process tea, following the way of nature, using no pesticides or chemical fertilizers.
Brewing suggestion
Boil water and cool to desired temperature. Steep tea leaf, drain completely.
Leaf: 5 g - Water: 8 oz. 190 °F - Time: 120 sec
INGREDIENTS: Organic Green Tea
Mauna Kea Tea
Mauna Kea Tea
Premium Green Tea
2011 First Flush
生茶
-Raw-
自然農法茶
Natural Farming Tea
No Pesticides, No Fertilizers
Net Wt. 15g (0.53oz)

的黑沙灘、岩縫中閃爍爭輝的彩虹瀑布，必得搭乘小火車或軌道船才能進入的度假酒店等，都曾讓我印象深刻；但我可從不知道，大島居然能有茶樹的生長，更令我訝異的是，茶樹還是從台灣移植過去的改良品種。

伊野考博說，茶樹是五年前透過台灣大學與夏威夷大學作學術交流所帶去，經由夏威夷大學改良為適合當地環境生長的新品種「夏威夷一號」。取得茶苗後，他就跟愛妻兩人在山上胼手胝足地開墾、親手栽種、親自除草，並且完全不施農藥、不施化肥地在二、三年後陸續採收。

經常來台取經的結果，伊野有了自己的殺青機，做成的茶品包括綠茶、包種茶等清香型條狀茶品，此趟也將在台添購揉捻機與烘焙機具，希望不久能夠親手製出半球型的烏龍茶來。

不施農藥，茶樹如何存活生長？伊野解釋說，夏威夷大學提供了一種草本植物，植滿茶樹兩側後，蟲兒受不了草的香甜誘惑而狂咬，就無暇再叮咬或啃蝕茶葉了。儘管說不出草兒的正式學名，但他取出平版電腦讓我觀看茶園的照片，果然雜草長得比茶樹還茂盛，「有機」的代價果然不輕。

景亮說他年初客座夏威夷大學教授陶藝，帶學生前往大島時發現山上的茶園，自己也嚇了一跳。不過學生們倒是歡喜地買了不少茶品，讓伊野夫婦成就感十足。

台灣茶飄洋過海到夏威夷，經由改良後又遠渡太平洋來到台北，光是過程就讓我感動萬分，當然要品嚐一下囉，可惜此次只帶來綠茶。撕開錫箔牛皮紙小包裝，但見條索緊細捲曲，茸毛不甚明顯。取出六克置入默農手作的岩礦壺並注入沸水，浸泡約六十秒後，黃綠透亮的茶湯頓時將清香溢滿屋內。

我懷抱著虔敬的心舉盞品飲，少了龍井或碧螺春散發的醇厚香氣，只有淡淡的蛋白韻若隱若現，不失圓潤的口感則在味蕾舌尖輕轉，淡而微甘；保留了「山頭氣」卻絲毫沒有「火山味」，令我大感驚奇。儘管香氣與耐泡性還略遜三峽碧螺春，但也十分難得了。

原載於二〇一一年六月二十四日《聯合報》繽紛版

# 冰島找茶

長期深入雲南各大茶山的台商黃傳芳，五月忽然從上海來電，說他拼配的一款冰島普洱茶在上海茶博會榮獲金獎，電話彼端掩不住自得的興奮。冰島？不就是今年雲南最「紅火」的明星茶區嗎？因此特別叮嚀他，返台時務必帶回讓我好好品賞。

座落中國西南邊陲的冰島，當然與北歐五國之一、位處北極圈的島國冰島毫無關係，只是雲南省臨滄市雙江縣勐庫鎮的一個小小村落罷了，在偌大的中國地圖上很難發現它的存在。原本稱為「丙島」，源於當地少數民族拉祜族語的直接音譯，意為「長青苔的水塘」。有人猜測金融海嘯之後，首度宣告破產的冰島受到全球關注，丙島也在不知不覺中，被茶商轉唸成「冰島」了，信不信由你。

儘管很早就以普遍超過五百歲的大葉種古茶樹林聞名，但在二〇〇六年以前，冰島茶大

多僅涵蓋在「雙江勐庫茶」之中，每公斤毛茶的價格也從未超過人民幣百元，前年突然暴漲至六百，隨後就一直節節攀升，從去年的二千四百元迅速飆至今年報載的八千五百元人民幣。不僅讓專家跌破眼鏡，也讓許多人質疑其中炒作的成分，更憂心二〇〇七年普洱茶崩盤的歷史教訓重演。

兩週後黃君攜來他親筆落款的幾餅普洱圓茶，茶票紙上罕見地以燙金壓上「冰島琴韻」四個大字，拆開後以雙手捧住仔細端詳，三五七公克的圓茶表面，但見條索特別粗壯肥厚，且隨處可見金晃晃的芽峰顯毫，儘管還是今春才壓製的新餅，但外觀已明顯帶有黃金般的油亮光澤。

迫不及待以沸水注入蓋杯沖泡，滋味與我原先購得的冰島茶不盡相同，只是山靈之氣更為明顯，香氣也更為清揚，與他多年前餽贈的「臨滄秘境」普洱茶倒是十分接近。

看我一臉狐疑，黃君坦承新作與臨滄秘境無論原料或製作工藝都完全相同，只是當時冰島尚未竄紅，且擔心產地公開後將有眾多茶商蜂湧進入，破壞原有的純樸與寧靜，甚至將價格漫天炒作，因此姑隱其名。今天看來，黃君當時的想法絕非多慮：群山之中的冰島村子不大，當地拉祜族多年來一直與世無爭地快樂過活，沒有利慾薰心的開發商，沒有繁華的集市，茶樹得以自由生長、暢快呼吸。近年爆出天價以後，卻成了茶商競逐的殺戮戰場，毛茶價格

一日數變，茶商捧著大筆鈔票徹夜守候的夢魘再現，市面上反而出現大量的贗品，令人憂心。

其實擁有許多大茶樹的冰島村存在著許多寨子，開出天價的冰島寨只是其中之一罷了；因此黃君今年特別轉向周邊的十數個寨子尋求原料，認真拼配後反而更具優勢。他進一步解釋，大部分茶商多不擅拼配，四處追逐單一山頭單一茶菁的後果，極易讓產地價格狂飆，並造成過度採摘的後遺症，也讓近年新發現的老樹茶區，如臨滄市轄的昔歸與冰島等順勢崛起。

我想起許多年前跟著他深入幾個尚未開發的古茶園採訪，包括普洱縣的困鹿山、西雙版納的勐混廣別老寨等，大量報導與媒體曝光引來其他茶商的紛紛跟進，將毛茶價格炒高至無法收拾的地步，害得他只能黯然退出，讓我頗有「我不殺伯仁，伯仁因我而死」的遺憾。
因此黃君常說自己並非「台商」，而只是一個愛茶成癡的先驅者：早在九〇年代初期就大膽引進普洱茶，引領台灣品飲普洱茶的風潮。此後又隻身進入雲南，在當地人根本不喝普洱茶的年代，在當時還稱做「思茅地區」且茶廠不過七家的普洱市，翻山越嶺到處找茶，還反客為主地在省城昆明推廣普洱茶。十多年後的今天，普洱市茶廠早已超過五千家，普洱茶品飲與收藏且在兩岸三地蔚為風氣，並擴及日本、韓國、馬來西亞等地。應是當年始終自嘲「為人作嫁」的黃君所始料未及的吧？
勐庫茶山以勐庫河為界，分為東西兩個部分：黃君說東半山茶香氣高昂且毫顯，但茶氣相對較弱；西半山則茶氣十足但香氣弱，居中的冰島村恰好融合兩者特色。從他攜來的冰島琴韻來看，開湯後不僅霸氣十足，水甜而滑口，飽滿的回甘更從喉頭接續瀰漫至整個口腔，顯然所言不虛，且無論鮮活度、香揚度與清甜度都堪稱上乘。
我取出許多年前，在臨滄蜿蜒山路旁拍攝的舊照片，一位拉祜族婦女在土庫房頂為毛茶曬青的酷模樣，特別引人側目；不知在茶價狂飆的今日，是否還能如此淡定？
原載於二〇一三年七月二日《人間福報》副刊

清末民初茶馬古道上重要的驛站。

# 普洱茶王福元昌號品賞記

久未聯繫的大陸茶友A君，某日忽然在台北來電，要將新購不久、價值飆破百萬人民幣的福元昌號普洱圓茶單餅攜來讓我看看，儘管電話彼端客氣地表示要我「鑑定」，語氣裡卻掩不住坐擁茶王的興奮，甚至還有些炫耀的成分，但已經讓我驚喜若狂了。

福元昌號？不就是收藏家夢寐以求的普洱茶王嗎？我曾在二〇〇五年為寫作《普洱找茶》一書，前往新北市鶯歌的「大友普洱茶博物館」，徵得主人廖義榮的同意當場開箱拍照，可惜當時以保鮮膜包覆的老舊陳茶不便拆開，無論怎樣打光都無法清晰攝得，最後還是商借了包膜前拍好的幻燈片，以高解析度掃瞄存檔，報導刊出在當年由《民生報》出版的《普洱找茶》，以及二〇〇八年聯經出版的《普洱藏茶》二書內，廖君的慨然相助至今仍讓我銘感於心；如今又能再次親眼一睹茶王的風采，怎能不讓我雀躍萬分呢？

普洱茶如以「斷代」來分類，大致可分為號級茶（私人茶號、一九五〇年以前）、印級茶（中共建國後的國營茶廠、一九五二至一九六九）、七子級茶（一九七〇至一九九六）以及一九九七年至今的「新生代普洱」等四大類。從清朝中葉至民國初年，是普洱茶交易最為熱絡的時代，清代隸屬普洱府管轄的景谷、騰沖、思茅、下關、喜州、佛海（今西雙版納勐海），以及古六大茶山的易武、倚邦、曼撒（漫灑）、曼莊（蠻磚）、革登，還有順寧（今臨滄鳳慶）等地，都設有民間私營的大小型茶莊商號，鼎盛時期當不下數百家，他們開創了普洱茶的輝煌盛世，也為後人留下不少好茶，在普洱茶斷代的分類上，一律稱為「號級茶」，且由於數量十分稀有珍貴，也稱為古董名茶。

白底朱紅字內飛的福元昌號圓茶。

號級茶依現存僅有的茶餅來劃分，又可分為清末民初（約一九〇〇年至一九二〇年）與民國時期（約一九二一年至一九四九年）兩大區塊。歷經近一個世紀的戰禍頻仍、政權更迭以及人為的消耗，二十一世紀的今天，市場上還流通僅存的古茶，除了極少數百年福元昌號圓茶外，大多為同慶號、宋聘號、同興號、敬昌號、同昌號、車順號、陳雲號、鼎興號、鴻昌號等私人茶莊，在二十世紀初期至一九四九年前產製的圓茶，以及少部分的可以興號茶磚、末代緊茶等，年份約在六十至一百年之間，由於數量所剩無幾，今日動輒數十萬以上的天價，並非一般人所能消費得起。

而目前流通在市面上的號級普洱茶，茶商多公認以「福元昌」圓茶價值最高，並以其磅礴的氣勢而號稱「普洱之王」，茶品則以不同內飛（緊壓在茶餅或茶磚表面做為商標的小紙片）分為較剛猛的藍色與紫色，以及較柔順的白色三種，一律為朱紅色圖字，三者多呈現野樟香，茶湯呈栗紅色。住在我家頂樓的「中國普洱茶學會理事長」鄧時海教授，於一九九四年出版的《普洱茶》書中，福元昌號圖片內飛即為藍底紅字，而大友廖君所提供的則為白底朱紅字內飛。

坊間一般說法是：清朝光緒初年由余福生創設於易武的「福元昌號」，前身為設於倚邦的「元昌號」，今天真品一餅難求，收藏家手中陳期約一百一十年的單餅甚至要價百萬人民幣以上。但根據現代學者親訪余家後代得知，余福生生於十九世紀末、病逝於一九四五年，因此福元昌號創建時日應在光緒以後，福元昌號圓茶陳期也不應超過百年。且福元昌號鼎盛時期在年產五百擔普洱茶的一九二九年，絕非坊間以訛傳訛的「早在民國初年歇業」說法。

因此今天收藏家手中的福元昌號，無論內飛是藍色、紫色或白色，茶品製作的年代究竟為八十年或一百一十年以上？至今仍有爭議。但可以確定的是：福元昌號圓茶專採易武最優質的大葉種普洱茶菁所製作，因此茶葉厚大、條索寬扁，茶餅呈略灰的土栗色，油光雖淡薄卻茶氣強勁，充分彰顯易武正山普洱茶的特色，也是辨識福元昌號最明顯的特徵。

A君攜來的福元昌號，歷經百年悠悠歲月的洗禮，呈現帶有深褐色的黝黑外觀；早已皺得不成「紙形」、且蛀孔斑斑的內飛，在燈光下儘管模糊難辨，依然展現長者飽含智慧玄機的迷人風采，原本應有「本號易武大街開張福元昌記專辦普洱正山地道細嫩尖芽加工督造歷年已久遠近馳名誠恐假冒故特加此內票以杜濛混　主人余福生」共五十五字內容，用放大鏡仔細檢視，依稀可以認出甚至用「猜」出第一行的「本號易武」、中間上方的「已久」以及最末的「生」字樣，從外觀辨識應該八九不離十了。

為了進一步辨識茶品，徵得A君的勉強同意，以鐵製茶刀在餅背凹陷的布球孔內，小心翼翼「挖」出約莫六公克的茶樣，以雪映山房的朱泥小壺沖泡。懷著感恩與虔敬的心，將溫

易武老街上的福元昌號遺址。

潤呈栗紅色，湯面且泛起明鏡般濃亮油光的茶湯輕啜，濃醇甘美的野樟香果然瞬間爆發、入喉後口舌生津，老韻直衝腦門，餘韻更可以「盪氣迴腸」來比擬，且沖至第八泡後仍不減茶性，抒揚的茶氣與甘醇依然洋溢，彷彿滲透至靈魂深處的精靈，令人難以忘懷。

儘管為了保密，A君堅持不肯將完整的茶餅讓我拍照，只允許我拍攝茶湯，未免遺憾，不過他離去前卻大開佛心，慨然將不慎剝落、約有兩小泡份量的茶碎留下，讓我興奮不已。

好茶當然要跟好友分享了，為了聽聽騷人墨客對此茶的評價與一般茶人究竟有何不同，我特別例外地邀請幾位作家詩人到工作室品賞。於是乎，在一個酷暑高張的下午，名作家亮軒、詩人顏艾琳、「李清照感傷劇團」主人劉亮延以及詩人李明足伉儷聚集一堂，務實的劉亮延甚至當場以手機計算當天我們所喝掉的「價值」，以A君告知的天價除以原本三五〇公克乘上六公克，換算成台幣後價值約在八萬以上，直呼「太奢侈了」。眾人在品飲後除了讚嘆，也各自以毛筆留下了感言，為稀有茶王的品飲留下美麗的見證。其中尤以名作家亮軒形容得最為貼切：

> 今日偶來茶人藝術家德亮工作室品賞普洱，數友同飲約一錢上下，其色澄紅豔色奪神，自舌面而入喉、平滑無跡而餘韻深沉，故不可忘也。

原載於二〇一二年十一月《海峽茶道》

# 透過鏡頭愛上茶

沃綠簇簇的茶園在稜線上呈現優美的弧線，頭戴斗笠的十多名農婦在綠浪推湧中忙著摘採春茶；車窗外陶然的情境與生氣蓬勃的景象，讓我忍不住頻頻跳車「喀嚓喀嚓」猛按快門。

那是二十多年前使用手動單眼相機，五十度感光正片膠卷在鹿谷茶鄉的記憶了。年輕氣盛的我與當時多數的上班族一樣，以喝咖啡為時尚，根本不知茶韻為何物，更不用說領略品茶之美了；卻開始喜歡用鏡頭記錄茶事，包括八〇年代方興未艾的茶藝館在內。

更小的時候，常見祖父吃完飯，就將殘留些許菜屑的飯碗倒入滿滿的濃茶（客家話稱為「釃」茶），然後滿足地喝上一大碗，冷熱不拘，祖父笑說那叫做「茶米茶」。茶湯係以鋁製大茶壺在爐灶上以柴火煮出，記憶中他曾告訴我，每餐飯後來上一大碗，不僅可以將碗內的油漬清洗乾淨，還可延年益壽。讓好奇的我也有樣學樣，儘管只是農忙時提供予插秧或割稻農工解渴的廉價茶飲，濃郁稍苦的茶湯下肚，停留在唇齒之間的茶香，卻也讓幼年的我第一次與茶結緣。後來祖父果然健康活到八十六歲，足證他所言不虛。

蘇州周庄古鎮運河兩側的茶館。

安徽省徽州宏村的水鄉茶樓。

約莫在我剛唸大學的時候，阿爸把他辛苦存了三個月薪水買下的第一台單眼相機給了我，並教導我關於光圈、速度、焦距、快門、景深等基本功夫，從此我的生活開始與攝影密不可分，無論工作或者創作。

不過，在我寫作與繪畫等諸多創作領域，甚或從事採訪、主編等工作上的需要；相機對我而言，所扮演的似乎多為「記錄」的角色：透過鏡頭留下一張又一張照片，除了彌補外出寫生素描的不足，更在一本又一本出版的報導文學、旅遊文學、茶藝文學裡，以圖文並茂的方式呈現，引領讀者一步一腳印地看圖索驥進入主題。

事實上，正如詩人好友須文蔚在民視異言堂「全方位藝術家吳德亮」專輯中對我的評語：每當舉起相機，無論挖空心思緩慢取景構圖，或快速捕捉瞬間的感動，我總是盡可能以「詩人的心、畫家的眼」去營造每一個畫面，而「作家的筆」不過是最後「收尾」的工作罷了。對我而言，每按下一次快門都是一次淋漓盡致的創作，透過鏡頭觀察世界；或透過觀景窗發現人間之美；甚或透過數位相機的快顯螢幕看見自己、反射自我心靈的最深處。

從八〇年代透過鏡頭愛上茶，到九〇年代末期才開始深入「找茶」寫茶，從台灣各大茶山到雲南偏遠山區；從糾糾蟠蟠的產業道路到崎嶇顛簸的茶馬古道；從粉牆黛瓦的江南茶樓到禮儀繁複的日本茶道庭園；從高山茶的清香飄逸到普洱茶的陳穩醇厚，從精緻典雅的小壺泡到雪克機用力搖晃的珍珠奶茶等。走過八千里路雲和月，幾乎一年推出一本茶書，除了深入採訪的文字記錄，我也透過不同角度、不同的光影變化，試圖呈現鏡頭下令人著迷的繽紛茶世界。

只是作為我攝影、寫作、繪畫等所有創作的啟蒙老師；作為我早年瘋狂創作、猛殺底片最大「金主」的阿爸，卻已經在二〇〇八年春天仙逝，來不及參加當年底我在國定古蹟林本源園邸舉辦的第一次攝影展。儘管我從不收藏相機，多年來從機械式換成電子式，從手動對焦換成自動，從膠卷相機到全片幅數位相機，用過的相機或鏡頭不計其數，但阿爸給我的第一台早已「除役」的純手動單眼相機，至今仍安全地珍藏在我的防潮箱裡，那是我跟阿爸曾經共有的創作工具，也是我最珍惜的一段記憶。正如畢生奉獻國民教育的吳慶豐校長——我最親愛的阿爸，生前常提醒我的話：「如果沒有愛，藝術是不存在的」，不是嗎？

原載於二〇〇八年十一月二十四日《人間福報》

雲南普洱哈尼族以傳統土罐茶待客。

## 泡茶養生說

喝茶有益健康，相信大多數的人都會同意；近幾年「喝茶養生」的說法尤其甚囂塵上，即便最簡單不過的罐裝茶飲料，電視密集廣告也從不忘再三提醒。不過，假如要進一步連同行禮如儀的泡茶功夫也一併納入養生範圍，恐怕就會被嗤之以鼻了。但壺藝家好友長弓日前到我工作室品茶，卻著實顛覆了我原本的看法。

日據時期就在台北大稻埕開設茶行的「張仁記」世家，儘管傳承至第三代就因父執輩鬧分家而在六〇年代悄悄劃下休止符，

長弓的手拉胚岩礦壺作品。

第四代的長弓卻在茶界以手拉的「台灣岩礦壺」闖出名號，據說手中還藏有不少珍貴的台灣老茶，讓我「覬覦」甚久。忽然主動提出要與我分享，自然讓我喜出望外。

果然電梯門一開，就看見長弓吃力地抱著數個大紙箱蹣跚進出，原來為了保持原味，老茶就貯藏在他手拉的陶燒茶倉內，從一九五〇年代的武夷種，到六〇年代的木柵鐵觀音、七〇年代的南港包種等，大大小小約莫十來個。逐一以不同的岩礦壺沖泡，熱騰騰的茶香頓時溢滿整個室內。走過悠悠歲月而呈現褐黃深沉的茶湯，不時透過白色的瓷杯浮漾著異常的流光，讓我深刻感染那一份濃稠的喉韻。

連續品飲了十來款老茶，從午後一直持續至深夜，親自執壺掌茶的長弓一一訴說茶品的來源與歷史，除了中場休息用餐外，長達十個小時的沖泡與交談，卻始終氣定神閒地煮水、熱壺、置茶、沖泡、奉茶，不動如山地正坐在矮凳上，不曾起立或變換姿勢。既無需一般常見的計時器，也不用傳統的沙漏，精準掌控每泡茶的浸置時間，水溫的拿捏也始終恰到好處。我曾數度悄悄按下計時器，發現每款沖泡所需的時間居然分秒不差，讓我大感驚奇。

原來長弓從童年就耳濡目染隨祖父學茶，嚴格的祖父除了教導茶葉的知識，也傳授提肛與運氣之法，不使蹲坐泡茶過久造成脊椎或肌肉傷害，更能藉由氣功調養身心。因此長弓在泡茶的同時，臀部也持續提肛的動作，依照提肛次數與氣息的運作，計算所需的沖泡時間。

長弓攜來的台灣老茶與他手拉的岩礦茶倉與茶壺。

而水溫則藉由觀察蒸汽的上衝或飄散來分辨，顯然頗能領會宋朝大才子蘇軾〈試院煎茶〉詩中，「蟹眼已過魚眼生，颼颼欲作松風鳴」觀察入微的意境了。

每天為生活打拚，下班後還要拚土、拉胚、燒窯至深夜的長弓，年近半百依然氣色紅潤、明眸皓齒；顯然泡茶養生也是每日重要的功課吧？我不禁暗自佩服了起來。

原載於二〇〇七年五月《飲食》雜誌

# 三月柚花入茶香

「淡淡的三月天，杜鵑花開在山坡上」，小時朗朗上口的歌謠相信許多人都記憶猶新。不過，三月的北回歸線上，花東縱谷還有更醉人的璀璨與清香瀰漫。這是柚子開花的季節，沿著台九線一路往南，超過一億朵的柚子花就在花蓮縣瑞穗鄉綻放，飽滿的柚香在淡淡薄日下隨風飄送，即便緊閉的車窗內也能深深感受，吸引遊客爭先恐後湧入賞花。笑得開懷的茶農說，每甲地約有兩百五十株柚子樹，每株可長八千朵花，瑞穗鄉光舞鶴與鶴岡兩村就有六百多公頃，數億朵柚花同時釋放的香氣絕對沁人肺腑。每年三月登場的「柚花季」，讓瑞穗成了全台「最香的鄉」、成就「最香」的活動，令人感動又驚嘆。

舞鶴，多麼美麗浪漫的地名！瑞穗，多麼豐饒醉人的茶鄉！同時匯集了稻香、茶香、咖啡香與柚香的「豐葦原之瑞穗國」，源於日據時期日本移民抵達時，看見豐盈稻米結穗累累而名。舞鶴台地則是台灣山坡地發展最為成功的例子，儘管海拔不算太高，卻常年雲霧繚繞，紅黏土的土質，土壤呈酸性且排水良好，因此一九七三年在茶業改良場輔導開始種植茶樹後，立即因緣際會地成為好山好水出好茶的美麗原鄉。

又名文旦的柚子屬芸香科常綠小喬木，柚子花潔白、清香而不嗆，讓人難忘，花謝後才開始結果。花蓮瑞穗鄉舞鶴與鶴岡兩村的茶農，特別利用柚花的香氣做出了「柚香茶」，讓茶品不僅保有茶香，又增添了花香、柚香與蜜香，頓時風靡全台。茶農的智慧將馳名的「鶴岡文旦」與茶葉結合，讓「流奶與蜜之地」的花東縱谷，繼名滿天下的「蜜香紅茶」後，又再打響了一個全新的「後山名牌」。

當地「吉林茶園」主人彭成國告訴我，舞鶴台地每年都有柚花季，只是花期短短二十多天就謝幕，大批觀光客湧來賞花卻不能帶走。而一百朵柚花只有二．七的機率能結成柚子，其餘不是被風雨打落，就是被希望獲得較大果實的農民無情摘除，未免可惜。鄉親們靈機一動，認為茉莉花、桂花、玫瑰花等都能製作花茶且盛名歷久不衰，當然不能獨漏香氣最清揚的柚香茶了。加上柚花有花朵大、便於採摘、製作方便等優勢，果然順利研發成功。

其實全台各地多有柚子種植，但無論四月初、清明前的「明前春茶」，或四月下旬、穀雨前的「雨前春茶」，都無法趕上三月的柚花盛開季節。而舞鶴茶區最大的特色即為「早春、晚冬」，茶園每年最早在立春過後即可採收，最晚則至翌年一月，每年最多可採六次。因此三、四月採集新鮮柚花，立可將花蓮特有的大葉烏龍或金萱品種製成的半球型烏龍茶作為茶底，一起低溫烘焙，約七—八小時後將花移開即大功告成。烘焙後的花朵雖乾燥如開心果殼，卻留下了悠長的花香，更彰顯花蓮鄉親愛物惜物的天性。

不過看似簡單的工序，柚香茶「餘香繞樑不斷」的韻味與口感，卻是歷經不斷的嘗試，所成就出來的特殊燻花工藝。彭成國頗為自得地表示：必須在三月柚花盛開季節綻放，於午時採收不帶露水，且香氣最盛、蜜汁最豐富的柚花；再以一比一的茶葉與柚花，在烘焙機內一層花一層茶地置入，以攝氏七十五度以下的低溫精心燻製，始能臻於完美。

不過，柚香茶不僅與桃竹苗客家特有的「柚子茶」不同，也全然不同於南台灣過去行之有年的「柚花茶」：柚子茶是掏空柚子後塞入茶葉、歷經九蒸九烤成形的緊壓茶；柚花茶則是茶葉與柚花的結合，與茉莉花茶、桂花茶同樣在茶葉上可見花朵。而柚香茶卻只汲取柚花的香氣，捨棄烘乾後的柚花，三者截然不同。因此柚花茶往往略帶苦味，烘焙前必須先以手工摘除雌蕊與子房。柚香茶則在看似與其他烏龍茶並無不同的外表下，蘊藏著柚花的清雅。

迫不及待取出今春最新鮮的柚香茶，拆封後立即有一縷幽香撲鼻而來，開湯後香氣尤其濃郁，整個室內彷彿置身三月的柚子園中。蜜綠泛黃的茶湯，在清甜、甘爽中略帶青澀，柚花的香氣更是沁人心脾。不僅入喉留香，即便沖至四、五泡後杯底仍有餘香，讓我回味再三。

原載於二〇一三年三月二十六日《人間福報》副刊

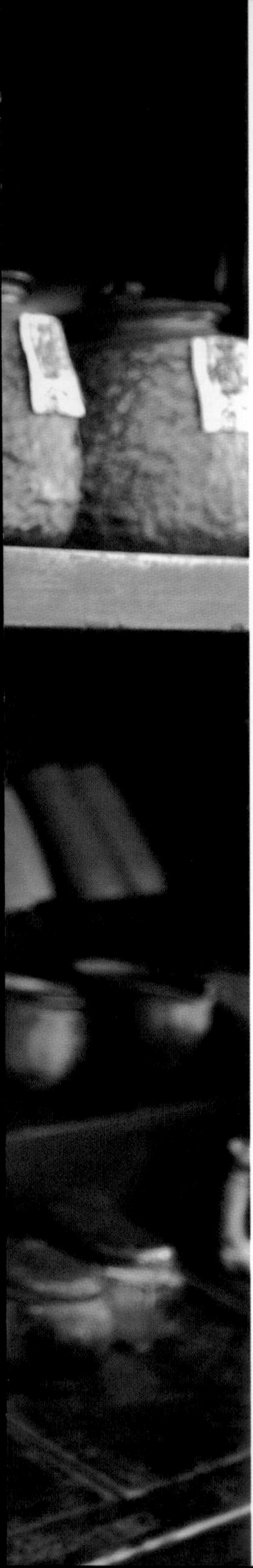

# 老來學茶圓茶夢

一群中老年成功企業家，其中有建築業、有物流貨運業、有加油站連鎖、市場管理業、珠寶玉石業、餐飲業；還有坐擁百筆土地的大地主、退休大學教授等，都是叱吒商場數十年的大老闆，幾乎都當過獅子會會長，名片亮出來絕對讓人肅然起敬，談起股市或產業併購個個眉飛色舞。休閒時開著名車、打打小白球、出國度假、相約聚會享受美食等，日子過得絕對逍遙自在。

這樣一群人，卻只為了一圓年輕時的「茶人」夢，聽到法院拍賣數十噸台灣老茶，居然立刻「相招」，集資上億元全數標下，開起了老茶專賣店，讓身邊好友、家人全都跌破眼鏡。因為之前全然沒人懂茶，跟茶也毫無任何淵源，當然更沒有人看好，甚至預估「熱度」絕不會超過半年。

不過這群人不改以往縱橫商界的霸氣，依然自信滿滿勇猛向前。首先，他們不惜放下身段，四處拜師求教：學泡茶、學茶葉烘焙、學茶品辨識、學產地口感差異；還經常三更半夜不睡覺，在豪華的羊毛地毯上用龍眼木炭焙茶，用各種器皿試茶，差點鬧出家庭革命。由於「求知若渴」，他們在書店買了幾本我寫的茶書，透過部落格與我連上了線，多次的接觸讓我對他們有進一步的認識，那種愛茶成痴的專注與投入，讓我終於相信他們絕非「玩票」。

例如為了品出陳茶的真正韻味，全員從此戒酒、戒煙、戒檳榔，光憑這點就讓人嘆為觀止。而為了貯藏這批被他們視為人間至寶的老茶，還不惜全台跑透透，從鶯歌到苗栗到頭屋的老窯廠，四處找尋最合適的陶甕，甚至拜訪陶藝名家為不同茶品一一量身打造。老茶與茶倉的結合，還意外捧紅了許多新銳陶藝家，如吳金維、李仁嵋、蘇文忠、連炳龍、戴志庭、葉樺洋、黃佩儀等，使得那些造型獨具、釉色飽滿的陶甕茶倉，無論柴燒或瓦斯窯作品，個個都成了炙手可熱的藝術品，讓愛不忍釋的買家們紛紛指明要連同茶倉一起購回收藏，即便所費不貲、甚至往往超過茶價也在所不惜。

公司取名為「官韻」，這個原本做為鑑別木柵正欉鐵觀音的用詞，成了他們疼惜台灣老茶的終極目標：只為了「一輩子總要品嚐過的好茶」，而老來學茶打拚。「為首」的總經理江德全說：「不希望人家辛苦貯藏了四、五十年的老茶被無情棄置或賤賣」，就這樣十個人全都「撩落去」。不時還要飛往上海、北京、廣州等地參加展售會奮力行銷，彷彿這輩子還沒用完的智慧與精力全都要奉獻給茶。

為了表示他們是「玩真的」，所有人都放下大老闆的身段，每天親自泡茶給人試喝、向登門的顧客打躬作揖。成員之一的「威力搬家」董事長曾賜寬說他最快樂的不是業績又創新高，而是下班後能在店內親自泡茶予賓客試飲。大老闆們還經常在世貿茶業展售會場上大聲叫賣，比誰當天售出的茶葉最多；讓當初抱持懷疑態度的太座們都不敢置信「喝茶真的能改

官韻
官韻
陈年老茶

變一個人嗎？」

目前兩岸都有事業的「空中飛人」江德全說，儘管現在每天工作的時數更長，一年來喝下肚的茶品也絕對超過五十年來的總和，但「心情絕對比過去更快樂」，頭髮不再續禿，氣色也更加紅潤有神。

大學教授退休的執行長曾東陽戲稱有人「臨老入花叢」、有人「老來風流學少年」，他們卻是老了學做愛茶人，十個老頑童望著三座倉庫滿滿的老茶，笑著告訴我「至少還要團結奮鬥二十年」，流露出的自信與驕傲，像極了躊躇滿志的社會新鮮人，更讓我深深感動。

儘管很早前就有人有計畫地收藏老茶，但台灣老茶的爆紅卻是近十年來的事：由於普洱陳茶在兩岸掀起瘋狂囤積搶購的熱潮，品飲普洱陳茶的風氣日漸普及，也間接帶動了台灣陳年老茶的買氣。過去不及去化或刻意留存惜售的烏龍茶、包種茶，甚至新竹東方美人、魚池紅茶等，潛藏陶甕或地下，埋藏塵封數十年以後紛紛鹹魚翻生，一時都成了奇貨可居的珍品，近年受歡迎的程度比起普洱陳茶可說有過而無不及。

其實在烏龍茶普遍清香化、發酵度越做越輕的今天，台灣老茶不僅以陳穩的豐姿熟韻受到資深茶人喜愛，喝陳茶養生的說法也甚囂塵上。儘管顛覆了台灣茶一向「以鮮為貴」的觀念，卻也逐漸受到消費者的認同，近年甚至逐漸紅到對岸，市場銳不可擋。

官韻收藏的一罐罐日據時代或光復初期留下的老茶，堪稱台灣茶業發展的見證。

有人質疑市面上越來越多的台灣老茶到底來自何處？其中固然也有少數以年份較輕茶品，經由不斷反覆烘焙，以粒粒如豆、顏色暗沉黝黑的外觀蒙混，但其實真正的「陳年」老茶也不少，大多來自三個層面：其一即為早年滯銷或賣剩的茶。由於茶葉的香氣與鮮度有一定期限，茶商稱之為「最佳賞味期」，一般來說，完全不發酵的綠茶大約在三、四個月，清香型的烏龍茶如高山茶等約在一年左右，東方美人茶或鐵觀音等重發酵的烏龍茶相對要長一些；超過期限後，茶商或茶農通常會將其封妥貯藏，將未能去化的茶品成袋、成批的留下至今，因此數量也最多。

老茶的第二及第三個來處，就是業者或

消費者刻意留下：大多是考量久存後可以預期的風味表現而存茶，俾在多年後創造更多利潤或品出更佳風味，這類茶品多半品質較佳，堪稱有條件、有目的、有方法的存茶。官韻所標得的大批老茶即為業者當年刻意留存，才有如此龐大的數量與水平。

例如江德全有次攜來兩款東方美人陳茶要我品賞，陳期分別為十五年與三十年左右。迫不及待打開柴燒陶甕聞香，十五歲的「美人熟女」仍留有濃香撲鼻的蜒仔氣，三十歲的「資深美人」則已轉為陳茶幽香，但二者均保有明顯白毫，前者甚至還保有完整的五色繽紛。以相同條件沖泡後觀看茶湯，前者呈現亮麗動人的金琥珀色，後者則轉為紅酒般的琥珀。輕啜一口入喉，前者龍眼蜜香依然飽滿甘醇，後者儘管蜒仔氣不再，但湯質渾厚滑順，具熟果香的風韻更為迷人，讓我大感驚奇。

其實以傳統工序製作的東方美人，不僅需有多次重萎凋及不停攪拌，原料也非得採著蜒的一心二葉不可，加上製作過程的吐菁及兜水，乾燥後成茶含水量絕對低於其他茶類，因此久藏後無須焙火才能保有濃濃蜜果香。

正如研究台灣老茶最深入的已故詩人茶藝家好友季野所說：「真正的老茶，顏色雖轉深，但卻是黑中帶有玫瑰紅的紅色，而非死黑。開湯後，茶湯艷紅明亮透澈。」可惜近年台灣老茶價格節節飆漲，以人為「作手」仿真的山寨版老茶也不斷湧入市面，往往外觀漆黑油亮，真正的老茶沖泡後茶湯艷紅明亮透澈且絕不混濁。

沖泡後湯色混濁、暗如醬油；貯藏方式不對則會產生「霉變」而帶有難以入喉的「臭脯味」，二者優劣立判，也是辨識老茶真偽的最簡易方法。

數量龐大的老茶存放在官韻三座各約三百坪的倉庫，當然不可能在短時間逐一拆封檢視，且由於年代久遠，許多根本無法判斷產地或年份，只能依拆封順序逐一編號販售。而堆積如山的茶品更不可能全屬良品，儘管令人驚喜歡呼的比例居多，卻也不時在開箱後發現受潮嚴重或質變的茶葉，應為早期長時間壓在底部未經翻倉而造成，為了確保官韻的聲譽與品質，江德全說「往往也只能忍痛丟棄」。

股東之一的謝宏田表示，茶品點收時大多為大型布袋外加塑膠袋封存，少數則有大小不一的鐵罐包裝，其中也有清楚標示年代與品名者；還有六〇年代留下的禮盒，內容包括「特選鐵觀音」、「特選包種茶」、「特選烏龍茶」等三罐，開口大多已生鏽，待取出外型黝黑膨鬆的茶葉沖泡，悠悠歲月轉化的蔘香或藥香，與入喉後濃郁的口感與韻味，卻足以令人拍案叫絕。

老茶要如何貯藏？季野曾說：「存茶要確定容器中沒有多餘的空氣，能隔絕光線，存放地點要陰涼通風，不要有驟冷驟熱的現象。」我的經驗則是存入未上釉的陶罐最佳，長期貯存則底下最好有乾燥的木炭鋪底以確保不受潮，通風的環境也很重要，貯藏方式與普洱藏茶大致相同。至於曾有新聞報導有人存入陶甕後埋入土中，個人則不建議採取。

因此特別提醒愛茶朋友們，手上若有超過「最佳賞味期」或已逾保存期限的茶品，大可不必急於丟棄：只要褪去包裝，將茶葉直接置入未上釉的陶甕內貯藏，經過多年後取出，也可以跟普洱陳茶一樣，成為別具風味的台灣老茶。

原載於二〇一一年五月二十二日《聯合報》繽紛版

# 鳳凰老茶

鹿谷的吳君攜來半斤的凍頂作為伴手，那是六個月前的事了。

剪開壓得緊實的真空包，並沒有熟悉的清香撲鼻，茶葉已明顯黝黑；揉捻也不似今天的緊結，厚實的條索與葉肉之間還參雜了許多兩公分長的枝梗，悠悠的陳香則讓人可以立即嗅出，茶品應該有一段漫長歲月了。

果然是二十多年的老凍頂，在鹿谷鳳凰村種茶已經傳承至第三代的吳君說，茶品產製於一九八五年穀雨前後，當時茶販收購的價格不甚理想，父親一氣之下就留了下來，等到冬茶採收，原來的春茶已經乏人問津，只好分批置於數個大型陶甕內。

「就這樣貯藏至今嗎？」吳君搖搖頭，眼眶微紅地表示，一九九九年發生震驚全球的九二一大地震，鹿谷的鳳凰、內湖兩村受創尤其嚴重。當時三合院的祖厝倒塌大半，山坡上的茶園也幾乎全毀，全家人忙著災後重建，藏茶的事也逐漸被遺忘。

直到今年春天，吳君在尚未整建的斷垣殘壁中，意外挖出了二十年前甕藏的老茶，取出

後輔以簡單的焙火，趁著北上訪友的機會，特別帶了半斤要我品嚐。

聽完吳君娓娓的訴說，我懷著虔敬的心情，取出木製烘爐點燃酒精燈，以陶壺沸水後沖泡，但茶氣似乎被鎖住了，入口且帶有微酸的雜氣，老茶該有的成熟風韻也未能全然舒展釋放。失望之餘，只好虛應故事說了些感謝的話。

看著吳君怏怏地離去，我也感染了些許難過，畢竟是廢墟中搶救出來的藏茶，得來絕對不易。因此特別騰出了壺藝家好友吳麗嬌所餽贈的一只茶倉，將茶品悉數置入；那是在九二一大地撕裂後露出的岩礦，採集

打碎後研磨、拉胚，並以多次高溫還原燒成的陶甕。

今年深秋，酷愛陳茶的古君來訪，我試著取出鳳凰老茶待客。再度沉潛了六個月，原有的酸氣竟已全然消失，茶湯也變得橙紅明亮，展現智慧飽含的風采。茶氣則宛如五指山下剛剛獲釋、瞬間飛躍而出的齊天大聖，強勁活潑而銳不可擋；濃稠滑潤的口感輕啜入喉，飽水而回甘，甜郁成熟的韻味且久而不退，令我大感驚異。

原本在鳳凰村豐饒的土地上孕育的凍頂茶，在塵封二十年後重現世間，原本的大地母親卻已遭逢空前浩劫，茶若有情，鬱卒自是難免吧？投入鳳凰土地深處岩礦所還原的茶倉內，是否等同重返母親的懷抱，才喚起了封存多年的茶性，並激發出最甘美的風韻呢？我不禁熱淚盈眶了起來。

原載於二〇〇七年一月四日《中國時報》副刊

# 鷹揚土樓茶鄉

因初醒的陽光照射而暈染開來的黃，在綿延的雲層之間閃耀著光輝，讓天空看來更加祥和清澄。清晨的南靖，儘管太陽尚有大半藏身在雲翼裡，山巒起伏的稜線依然纖細可見，金色的一抹光暈恰好從東側濃綠的茶叢尾端延伸，將厚重的黃色土牆化開為亮麗的炒茶湯色，茶香也適時瀰漫著圓樓與三堂屋構成的聚落。

從縣城一路驅車向南，渥綠簇簇的茶園便不斷在眼前展開。令人驚喜的是：周邊不僅經常可見黃頭鷺在牛背上悠然覓食，循著不知名的啁啾鳥鳴進入茶園，往往還可發現深處藏匿的鳥巢或急竄的野兔。愛物惜物的天性使得客家茶園大多為有機栽種，鮮少施以化肥或農藥，盎然的生態環境讓人感覺舒坦，生命律動的喜悅也隨著波波綠浪飄搖蕩漾。

當然之前也曾經有過多次不愉快的經驗，那是在拜訪中國大陸其他茶區時，往往在偌大的茶園中，走上一整天都看不見一隻鳥兒，甚至連一隻蝴蝶的蹤影都難以覓得，農藥氾濫的情況應頗為嚴重吧？不僅讓外人心驚，也讓愛茶成痴的我數度沮喪不已。

有人說「逢山必有客，逢客必有茶」，客家人在不斷遷徙的過程中發展了可觀的茶產業，從土樓密佈的福建南靖、永定，到圍龍屋層層環抱的廣東大埔、梅縣等地，放眼所及盡是一畦畦綠油油的茶園，即便東渡台灣後的桃園、新竹、苗栗等縣，茶葉也一直是客家人重要的經濟命脈，稱「綠金」亦無不可。其實客語與閩南語都稱茶葉為「茶米」，顯然在先民的心目中，茶葉是等同稻米般珍貴，且滋養著所有大地的子民吧？

清晨七時，陽光開始撥開雲霞，在湛藍的一端緩緩向中滑行，被大片茶園包圍的所有土牆都醒了過來，正是拍照的最佳時刻。就在我為鏡頭套上晨昏鏡，頻頻舉起相機瞄準土樓猛按快門的同時，一隻偌大的猛禽出現了，那種銳氣與神速彷彿一把利刃，瞬間將青空、山巒和雲彩逐一分割，最後盤旋在圓樓中央偌大的聚寶盆上方，雙翼完全開展的雄姿讓我忍不住放下相機，眼追心隨。

由於長途旅行未便攜帶高倍率大砲鏡頭，無論以肉眼觀察或透過觀景窗直擊，都很難判斷牠究竟是華南地區常見的留鳥大冠鷲，或春天北返的灰面鵟候鳥。放眼四周尋找制高點，一棟新建的馬賽克四層洋樓就突兀地矗立一旁，原本讓人生厭的不協調建物當時卻變得可愛起來了，顧不得身上笨重的攝影裝備，央得主人同意後，就霹靂啪啦直奔頂樓，希望以高速剪裁模式捕捉牠翱翔的帥氣模樣。

土樓茶鄉（油畫 91×116.5cm/2009）。

不過就在剎那間，我的視線彷彿跟犀利的鷹眼連上了線，像是曾經看過的科幻電影，眼界忽地不聽使喚漂浮了起來，不斷游移在聚落的上方，清晰地掃瞄過茶園、土樓，到遠方完全甦醒的山巒，手上的相機也不自覺擱置，取代的是畫筆與隨身攜帶的素描本子。約莫一盞茶的煮沸時間，從高處迅速完成的速寫，幾乎可以說跟猛禽所見大致相同了。

遠從五胡亂華以降就不斷往南遷徙的客家先民，除了避禍或防禦外敵等因素，溫良恭儉讓的個性，更使得在棲息地謙卑抱以作客心態：平原阡陌多半為原有居民或更為強悍的其他族群移民所據，他們僅能在山坡地或紅礫土上生存，卻因緣際會創造了世界建築奇觀的土樓，更發展了豐富的茶產業。引導我構圖的猛禽，是否也提醒我客家族群更宏觀的視野呢？我想起莊周夢蝴蝶的故事，急促的呼吸逐漸平緩，旅途的疲憊竟然也瞬間消失。

原載於二〇一〇年四月號《明道文藝》

# 前夜浮梁買茶去

還記得唐朝大詩人白居易最膾炙人口的一首長詩〈琵琶行〉嗎？其中「商人重利輕別離，前夜浮梁買茶去」詩句不僅傳誦千古，也讓現代人普遍將浮梁茶列為「通向世界的一張歷史名片」。

浮梁位於中國江西省，地名從唐朝至今始終未曾改變，隸屬景德鎮市管轄。至今仍保有唐朝留下的矮化型喬木古茶園，而浮梁茶農儘管多屬於個體戶小型經營，卻保留了最古老的製茶方式，除了曬菁外，大部分的綠茶炒製居然與雲南少數民族普洱曬菁毛茶的工序全然相同，讓我大感驚奇。

為了探討千百年前，茶樹從當時雲南原鄉的南詔古國向中原傳播，以及茶葉製作工藝從布朗族、哈尼族等少數民族到中原漢族的淵源與演變，我特別在江西省上饒市政府與商務局的熱情邀請與贊助下，踏上了中原最古老的茶鄉浮梁。

浮梁是悠遠的茶文化故鄉，遠從唐代的片茶（也稱團茶或餅茶）就已名滿天下，其後仙

芝、嫩蕊、福合、祿合等名茶，歷經宋、元、明、清數代且多列為貢茶，特色為葉色清香持久、滋味甘醇綿長，且外形纖細勻稱、條索緊細，屬世界三大高香茶之一；明末戲曲大師湯顯祖曾為文盛讚說：「浮梁之茗，冠於天下。」

除了茶，浮梁也是最早的瓷器之鄉，遠從宋代就已「摘葉為茗、伐楮為紙、坯土為器、茶瓷互利」。民間傳說浮梁製瓷更始於漢代，所謂「新平冶陶，始於漢世」，當時考慮燒瓷污染，而在瓷礦下游集中燒瓷，久而久之形成了「昌南」古鎮。儘管昌南在宋朝景德元年改名為景德鎮，但從昌南的英文 China 小寫為瓷器，大寫則是中國來看，顯然中國作為瓷器大國，

最早應溯源自浮梁，著名的燒瓷原料「高嶺土」也來自浮梁，所謂「高嶺土、瑤里釉」。元朝更曾在浮梁設立瓷局，建有專燒禦器的樞府窯。

從省會南昌下機，經景德鎮前往作為陶瓷發祥地而得名的瑤里古鎮，古名「窯里」，也是浮梁最具「瓷之源、茶之鄉、林之海」特色的地方。一條逶迤清亮的瑤河貫穿東西，錯落有致的古建築群則臨水而建，包括保存完好的明清商業街、牌樓、宗祠、進士第、大夫第等，從西漢建鎮開始，迄今已有兩千多年歷史了。深具徽派建築特色的粉牆黛瓦掩映青山綠水，飛簷翹角則在楊柳飄逸的水面蕩漾。

頂著春日霞光四照的高聳雲彩，我漫步青石斑剝的街巷中，儘管衣著服飾早已換成了現代版，卻彷彿置身明清兩代的歷史卷軸，每一個細節都與印象中的古畫重疊吻合。時值春茶採收季節，那方不時可見婦人在河畔洗衣，孩童在一旁喧鬧嬉戲；這端敞開的老舊木門內，但見茶農徒手在黑亮的鐵鍋內炒茶揉茶，遠道而來的茶商忙著挑茶選茶，看不出「重利輕別離」的傾向，倒是扯開嗓門大聲議價的舉動，引來許多老外觀光客的側目。

我特別挑了些剛炒熟的綠茶，以沸水直接沖入隨身攜帶的評鑑杯內，黃綠透亮的茶湯頓時將清香溢滿屋內。慢慢沁入心腑後，飽滿甘醇的滋味在口腔中持久不散，純由慢火手工炒製的獨特風韻，也絕非現代機器成就的茶品可以比擬。做為唯一進入《唐詩三百首》的茶品，浮梁茶歷經千百年的嚴苛考驗，魅力依然絲毫不減。

沿著清澈見底且處處可觀魚的瑤河向前，距離古鎮不遠的繞南陶瓷主題園區，最能反映景德鎮東河流域悠久的陶瓷文化了。保存多處宋、元、明等時期的古窯遺址，以及大量的古礦坑、古水碓等遺跡，尤以古茶園旁的一號至五號古龍窯遺址最為可觀。

瑤河淙淙滋潤的繞南，據說還有「小九寨溝」之稱，透過相機觀景窗望出去，清冽湍急的流水兩岸，少數落單的古茶樹與蓊鬱的樹林輝映著翠綠的倒影，與九寨溝確有幾分神似。樹林盡頭一片春芽嫩綠的茶園中，古龍窯像是覆蓋著鱗鱗千瓣的巨龍橫臥一旁，破碎的陶片與黃土把大小窯洞一路拱了上去，神秘的輪廓在遊客議論紛紛的現實中卻顯得幾分孤傲。

原載於二〇一〇年八月號《明道文藝》

# 尋找陽羨千年貢茶的輝煌

江蘇省宜興市向有「中國陶都」稱號，傳承數百年歷史的紫砂壺早已名滿天下。不過更早就名列唐朝貢茶之首的陽羨茶，台灣民眾卻大多感到陌生，名氣遠不及同屬江南的杭州龍井與太湖碧螺春。

其實古稱陽羨的宜興，遠自唐代就以陽羨茶入貢著名，以七碗茶詩傳頌千古的唐代詩人盧仝，曾寫下「天子未嘗陽羨茶，百草不敢先開花」的名句，可見陽羨茶在唐代早已名重天下。唐肅宗年間，有山僧進陽羨茶，還被茶聖陸羽品為「芬芳冠世產，可供上方」，其珍貴可以想見。

今年穀雨前後，我受邀在宜興大覺寺舉辦的二〇一三素博會與陽羨茶文化博物館兩地，擔任兩岸名茶名壺PK活動主持人兼評審，經由茶博館王亞明館長的熱心導覽與解說，我對陽羨茶總算有了進一步的認識。

話說唐代茶葉的型制本為「蒸而成團」，陽羨茶也從最早的一芽一葉或二葉初展的茶樹嫩芽，經過蒸、搗、拍、焙、穿、封、幹等工序製成的圓形片狀餅茶，到明太祖朱元璋廢團茶改散茶，歷經唐朝烹茶法、宋代點茶法乃至明代以降的瀹茶法等數度更迭，始終受到騷人墨客的喜愛。例如北宋時首選貢茶已為北苑茶（今福建省建甌）所取代，大才子蘇軾依然留下「雪芽我為求陽羨，乳水君應餉惠泉」的名句。邁入二十一世紀的今天，則以綠茶類的陽羨雪芽、太湖雪眉與荊溪雲片，青茶（烏龍茶）類的陽羨青茶，以及紅茶類的陽羨金毫、金乾紅、百歲紅等最為著名。

PK當日，無錫市茶葉研究所許群峰所長特別取出一款尚未上市的大葉紅茶參與，不僅紅濃透亮的湯色與口腔內飽滿的茶氣特別突出，開湯後蘭花香尤其明顯，讓我大感驚奇；趕緊問個明白，果然是鐵觀音茶樹與在地野生種多次交配研發而成的新品種。

一般茶商或茶農在開墾山坡茶園的同時，為拓展更多的種植面積且便於管理，多半會將原有的樹林砍伐殆盡，造成水土的大量流失。宜興卻有茶區保留了大量的香樟樹，放眼望去

洋溢江南風情的宜興茶園。

偌大的茶園為濃密的樹林所環抱，雲南少數民族稱為「山頂戴帽」。綠浪推湧的茶園內不時可見取代農藥噴灑的捕蟲燈，啁啾唧唧的鳥鳴且不絕於耳，茶樹叢中還可驚喜發現鳥巢與尚未孵化的卵，生氣勃勃的景象讓人心曠神怡。

這是我看到太華山乾元茶場的第一個印象，嚴整有序的廠房建築矗立其間，彷彿歐洲城堡般守候著大片無污染的淨土。董事長湯卓敏告訴我這裡日照充足，形成了得天獨厚的自然小氣候，使得乾元茶場的明前春茶（清明前採摘）較省內其他茶場早個半月至二十天；追問之下，原來拔得頭籌的茶園就是歷史上赫赫有名的唐貢茶區，讓我頗有「踏破鐵鞋無覓處」的驚喜。

山頂戴帽的宣興乾元茶場。

我特別喜歡乾元茶場的「金乾紅」，拆封後細看那金琥珀般潤澤的細芽，彷彿瞬間開懷的歡喜笑眉，將緊直肥壯的條索全都化為金毫明顯的眉鋒。而開湯後紅潤透亮的湯色，伴隨馥郁的香氣溢滿整個室內，鮮爽醇和的滋味在口腔內徐徐釋出，入喉後更有深遠的回味甘甜，口感及餘韻也絕不遜於福建近年紅透半邊天的金駿眉。湯董頗為自得地表示，那是累積三十多年的傳統製茶工藝，從每年清明前後，採摘飽滿的茶樹嫩芽所製成，說是江南紅茶的極品應不為過。

原載於二〇一三年十月號《獨家報導》

# 卷二

## 茶香與詩畫共舞

# 茶香在詩畫間舞動

許久不見的好友詹君忽然在某個下午來電，邀我到他汐止的別墅坐坐；電話彼端且語帶神秘的告訴我，有一幅他已經收藏了近三十年的畫作，要我務必前往看看。

三十年，不就在我們的學生時代嗎？詹君是早在我高中時參加文藝營就相知相惜的老友，當時他已有豐富的小說創作見諸報刊，大學時的長篇小說《再見，黃磚路》更曾改編拍成電影。儘管後來以「老包」為筆名在政論界聲名大噪，並陸續創辦了幾份立場鮮明的新聞周刊，我仍不習慣稱他為「社長」，卻永遠記得我第二次大學聯考落榜時，專程搭飛機趕到花蓮送上溫暖的那一份情誼。

掛完電話後我迫不及待依約前往，約莫三層的透天別墅座落在一片蓊鬱的樹林中，看來十分寬敞舒適，尤其從書房偌大的落地玻璃往外望出去，不時可看到鳥兒們啁啾跳躍在重重繁茂的葉蔭，從羽色與鳴聲判斷，鳥種應不在少數吧？在嫂子端出香濃咖啡的同時，我早已按耐不住，要主人立即帶我到地下室的畫廊，看看他珍藏了三十年的畫作究竟係何方神聖。

動舞轉車輕間里詩在香
德亮
2009

果然在幾幅當代繪畫大師的畫作之間，看到一幅四開的單色水彩，仿古的檀木畫框中，以零．三針筆黑色線條繪出的房子連綿不絕，有古厝，有廟宇，也有公寓大樓，跨越時空層層密密彼此促膝在白色的畫面上，鮮橘色的天空則有白圭瘦筆書寫的詩〈今晚冷風向西〉。那是我學生時期的作品嗎？落款的字跡與今天並無太大差異，只是霸氣難掩且未曾收斂罷了。我呆住了半晌，因為儘管畫面上是自己再熟悉不過的筆觸，我卻不記得曾有這麼一幅畫，更沒有想到三十年了，友人依然完整無瑕地珍藏至今。彷彿與失散多年的孩子重逢一般，我頓時熱淚盈眶了起來。

返家後翻遍自己的作品圖集，類似風格的畫作早已蕩然無存，年少時那樣精緻細密的構圖，與線條強烈的房子堆疊，顯然不是邁入社會以後的我所能保有的。不過腦筋卻不聽使喚地一再浮現那幅畫的鮮明意象，看來除了重畫一幅，應該沒有其他方式可以解套了。

同一幅畫當然不能畫兩次，儘管筆觸無法與年少時的慢工細活相較，至少也要在技法或媒材上超越吧？決定以後，我挑了塊白色的大陶板，順著記憶中的意象以白圭筆直接揮灑，將胸中累積的房子以黑色釉料一一繪出。三十年來踏遍了兩岸各地，看多了各種型式的建築，畫面自然也更為豐富繽紛：除了鹿港老厝，也加入了徽州的粉牆黛瓦、永定的客家圓樓，以及大埔的圍龍屋等，一氣呵成地在數小時之內完成連結，再以彩色釉料繪出鮮橘色的天空與茶園。

從高溫瓦斯窯燒成取出時，我特意將完成的陶板畫嵌入訂作的厚實木框，平放在茶桌上做為茶盤使用，白圭毛筆的細膩度儘管無法與針筆相較，在一盞盞溫熱的茶香中，卻能將朱泥壺拱托得更為亮麗生動。作為重新喚起年少記憶的一份小品，我忽然想起海明威令人懷念的小說《在我們的時代裡》，那也是我與詹君的一份共同記憶吧？

原載於二〇〇九年六月七日《自由時報》副刊

# 走過悠悠歲月的茶票紙

「年輕時我信仰共產主義，改革開放後信仰人民幣，今天則只信仰藝術」。多年不見，白族小高迫不及待取出他全新研製的手工茶票紙要我評分，同時冒出的話卻更讓我感到驚奇。

認識小高約莫十來年，當時喝普洱茶的人不多，整個華人世界除了香港、台灣與馬來西亞，中國大陸基本是不喝普洱茶的，就連產地雲南省也不例外。因此長年窩在鶴慶山區製作手工茶票紙的他，聽說有作家從台灣遠赴雲南「找茶」，就透過友人力邀，要我務必上山看看他的作坊。

與愛書人喜愛的藏書票不盡相同，茶票紙通常指五〇年代後，普洱茶打破傳統簡陋包裝，為圓茶披上約二尺見方的棉紙外衣，每張稱為一票，無須再經裁切即剛好包裝一片三五七公克的制式圓茶。另外還有老茶常見的「大票」或稱「筒票」，大小約十至十三公分左右，置於每筒七餅中的一、二餅間，用途類似今日附於產品包裝中的防偽保單。此外尚有「內飛」

鶴慶冷地坡早在南詔大理國時代就以造紙聞名。

與「支票」，前者緊壓在茶餅或茶磚中央作為商標；後者則是近代國營茶廠十二筒圓茶以竹篾包裝為一支所用，藉以識別茶廠名稱與重量等。

不過，假如當時小高能夠明白告訴我，所謂「稍差」的三十公里山路，就是出城後連四輪驅動車也必須一路顛簸行，沿途尚須險象環生地挨著蜿蜒的危崖避開落石。而所謂「騎馬」也並非瀟灑馳騁，而是跨在騾子堅硬的馱架上艱辛爬山。至於所謂「山道」，其實是在礫石、泥濘與蔓草之間，披荊斬棘勉強「逼」出來的陡峭小徑。身上背負沉重攝影器材的我，是絕對不會貿然答應前往的。

冷地坡距離大理白族自治州鶴慶縣城外約六十公里處，村民原本世居南京，明朝時因族人犯罪遭到株連，舉家被官府「發配邊疆」至雲南大理一帶，從此就一直隱居窮山峻嶺，逐漸融入當地白族的生活領域。

就在怵目驚心的無數落石阻隔了所有去路，吉普車被迫停在斑剝的古橋前方，而我猶驚魂未定之時，峽谷對岸忽地閃出了馬幫的蹤跡，約莫六、七匹零星的棕黑色騾馬背負空蕩蕩的馱架，身影在斷崖割裂出的細長小徑上逐漸清晰，馬鈴叮叮咚咚彷彿敲醒了茶馬古道亙古的寂寞，也打破了周遭不尋常的寧靜。難不成這就是我們要騎的「馬」？小高的頻頻揮手證實了我的疑慮，所有的浪漫遐思頓時化為泡沫。就這樣一路翻山越嶺，足足跋涉了近三個鐘頭，才氣喘吁吁地抵達山巔水湄的村寨。

冷地坡村民歷代以來始終以

冷地坡的白族姑娘在簡陋的作坊造紙，每張稱為一票，無須裁剪即可包裝一餅標準圓茶。

造紙為生，純手工的原始造紙工藝傳承至今從未改變。潺潺小溪流經的坡地上，高低錯落了十多間簡陋的作坊，隨處可見的木槽、簾架、榨床等造紙工具，也全然未經文明的鑿痕。至於浸泡樹皮的水塘與煮漿的石窯則彼此共用。原料通常以構木皮為主，有時也採用竹或麻；剝皮後先在水塘浸泡，並添加生鹼攪拌腐化，放入石窯煮沸後尚須再經去灰、壓榨、加灶灰、二次蒸料、洗料、衝碓、加藥、撈紙、榨水、烘乾等繁複過程。

事實上，鶴慶縣早在南詔大理國時代就已是造紙重鎮，宋朝《五代會要》也有詳細記載。當時生產的白棉紙稱為「俄坤紙」或「漾共紙」，以紙質堅厚、光滑細密而有極高評價，至元朝正式稱為鶴慶白棉紙。據說今日在大理等地發現的古代珍貴經卷，以及麗江現存的《東巴經》古老寫本等，也多出自鶴慶的構木皮紙。

烈日當空的近午時分，約有六成的作坊正進行收紙工序；他們以木製簾架過濾紙漿取出薄薄的四方棉紙，每疊百張即插入一片樹葉為記，湊足八百張後就交由老者背回家中，貼在牆壁烘烤或曬乾。我隨意拜訪了幾戶村民，幾乎家家的牆上都貼滿了待乾的白棉紙，其中全村年紀最大的一位九十多歲老奶奶，乾脆就坐在屋外貼滿棉紙的牆壁下方，利用烘烤的火爐燒茶取暖。

小高說村內家家戶戶都飼有騾馬，每當村民製作的紙張到達一定數量，或城內接獲訂單

冷地坡的老奶奶在烘乾白棉紙的牆下燒茶取暖。

時，彼此就相互以手機聯絡，村民各自牽馬組成臨時的「馬幫」，將一匝匝的茶票紙沿著陡峭山路運入城內。近百年來運輸工具始終倚賴騾馬從未改變，更能凸顯冷地坡手工棉紙的珍貴之處吧？原來古代的馬幫捨平地不走，茶馬古道總在窮山惡水之間，「抄近路」應是最合理的解釋吧？反正古代並無機動車輛，騾馬也僅用以載貨而非騎乘之用，路況的好壞反倒不那麼重要了。

長期品飲普洱茶，我手上當然也累積了不少古董級茶票紙，如龍馬奔騰圖案的「龍馬同慶號」或採茶圖為主的「敬昌號」圓茶筒票、「宋聘號」藍如意內飛，或中共建國後首批圓茶「紅印」的外包紙等，儘管歷經數十年的歲月而遭蠹蟲蛀蝕不堪，但精緻的木刻版畫仍清晰可見。如同歐洲的「藏書票」一樣，普洱茶票也常透出某些訊息或隱藏許多傳奇故事，因此格外受到收藏家的喜愛。

首次從鶴慶山區千里迢迢帶回，未經印刷的茶票紙質地或厚薄僅略優於一般棉紙，只是底色或棕或黃變化甚多，纖維也較多且明顯，讓喜歡嘗試不同媒材創作的我愛不忍釋；據說有工筆畫家為使畫面呈現復古效果，而常用茶汁浸潤棉紙。也有水墨大師喜歡在潑墨揮灑後撕去表層錯落的纖維，自然營造出縐摺留白的意境。我則偏愛水彩顏料在紙上不斷留下的暈染趣味，繪成後截然不同於傳統英國式水彩或水墨畫風，讓我竊喜不已。

例如中共建國後第一餅普洱圓茶「紅印」，今日儘管已在北京拍出數十萬天價，但茶友仍慨然分享，特別將用過的紅印茶票紙脫水裱褙，待平整後直接以普洱茶湯融入顏料，圍繞正中斗大的八中標誌入畫，將繪出的朱泥壺點妝得更為紅濃明亮，再用茶汁磨墨將瞬間爆發的靈感成詩寫入；讓原本已經過五十年悠悠歲月洗禮的茶票，更散發出迷人的淡淡茶香，詩名就叫「夜飲紅印」，詩末並取 facebook 諧音謂非食不可：

從一紙風塵僕僕的
茶票中，甦醒過來
我是異幟後
終結混沌，驚醒黎明
磅礡如無量山悠悠
迴盪的第一餅

曾經翻山越嶺
打瀾滄江去
卻在六十年後的今天
還歌京城的天價拍賣

取一道滔滔奔雨的飛瀑
汲一井激情蕩漾的泉水
以深藏的朱泥
汝窯的蓋碗
用栗紅透亮的茶湯
點絳沉睡已久的唇
點數四周靈閃如星
驚艷的眼

金晃晃的油光層層
輪迴杯緣的湯暈

冷地坡村民組成的「馬幫」將一匝匝茶票紙沿著陡峭山路運入城內。

舌鋒出鞘，挑起
酥酥穀雨滋潤的春尖
七分茶氣撼醒三分
抖擻的熟韻
澎湃今夜台北
喧嘩的魂縈舊夢

彷彿還在勐海的記憶中
繫馬，在車間外晃蕩
馬鈴叮噹，不斷
傳送曬青的幽香
陽光飽滿的山頭
還有溫柔的叮嚀：
一甲子後的今天
在「非食不可」中
說「讚」

宋聘號圓茶上緊壓的藍如意內飛。

龍馬同慶號（左）與雙獅同慶號（右）筒票。

以天價紅印圓茶褪下的外包茶票紙創作的詩畫「夜飲紅印」。

幾年前普洱茶在大陸颳起炒作風潮，各大茶廠紛紛將量產的機製紙張改為質感較佳的手工紙，身為冷地坡手工茶票紙第六代嫡系傳人的小高，也因緣際會地從個體戶躍升為大老闆。不過我們從此卻少有碰面，只聽說他將賺得的大把鈔票不斷投入買房，並在普洱茶一度崩盤後改當包租公。不必再奔波窮山惡水間，日子過得更為逍遙自在。

去年底與小高隔著越洋電話再度聯繫，我抱怨說茶票紙入畫意境固然不俗，但兩尺見方的格局不夠恢宏，紙張也略嫌單薄而無法恣意渲染，未免美中不足。因此小高在今年初特別製作了對開大小，且厚度足足大上兩倍、纖維也更加繽紛凸顯的茶票紙給我。因為早已衣食無缺的他「現在只信仰藝術」，發願要為「知音」如我的藝術家製作最好的繪畫用紙，讓我感動莫名。

拿出小高最新的手造紙創作，無論水彩或壓克力顏料均能貼切地沁入，厚實的層層紙本瞬間包容大量渲染的水分，使畫面更顯飽滿豐盈；原本鋒芒銳利的色彩也如茶品陳化般，逐漸回穩收斂。陰影或暗處的筆觸也盡可能直接以茶湯描繪，感受作為悠悠歲月見證的茶票紙香。時光彷彿又拉回到十年前的冷地坡，在顛簸的荊棘小徑上看見老者身手矯捷地背著茶票紙，笑著告訴我「做人要像人民幣——人見人愛呦」。

原載於二〇一一年四月《明道文藝》

# 禪語如金

多年來我一直受邀擔任國立台北大學數位文學獎評審，由於有這樣一個機緣，就在一個噪嘈的午後，主辦單位中文系系主任賴賢宗特別帶了三位碩士生來訪。久聞他對佛學與禪宗研究精深，特別將年少時讀過的兩則禪話提出討論：

出自日本當代文學大師三島由紀夫小說《金閣寺》的第六章：當日本戰敗、昭和天皇宣告投降的當天，金閣寺住持罕見地換上五條緋色的袈裟盛裝，卻意外地避開終戰議題，反而以〈南泉斬貓〉為題授課。見諸南宋《禪宗無門關》第十四則的公案，南泉和尚藉由殘忍的斬貓行動，斷絕眾僧的迷妄與爭執，未料弟子趙州和尚返回聽得此事後，卻不發一語，並脫下鞋子擱在頭上走了出去。

後來在我大學聯考二度落榜時，亦師亦友的前輩詩人管管又以善慧大士的一首詩相贈，要我放空心情：

美人飽滿的
壺中
以禪為境
汲取蜜香
德亮
2011

空手把鋤頭
步行騎水牛
人在橋上過
橋流水不流

儘管似懂非懂，當時都曾深深震撼了年少的我。

近年常聽許多茶人將「禪茶」竟日掛在嘴邊，周邊不少藝術家友人也經常以創作禪境為喜；因此賴君話鋒一轉，從唐代永嘉禪師〈奢摩他頌第四〉的「恰恰用心時，恰恰無心用；無心恰恰用，常用恰恰無」開場，演繹至趙州茶的「喫茶去」公案棒喝，彷彿要用禪宗看似答非所問，卻妙悟真趣的機鋒雋語，要我跳脫「曾到」與「不曾到」的塵緣糾葛。愚鈍如我想到的卻是電影「捍衛戰士」的片尾：男主角湯姆．克魯斯在致勝返航後，將始終造成心魔罣礙的亡友飾物丟棄，主題曲昂揚響起。

結束禪機滌煩的對話，茶几上一壺東方美人正悠悠釋出七分著蜒的丰姿。客家先民疼惜浮塵子叮咬後的殘芽萎葉，意外成就茶葉醉人的蜜香，不正是「無心恰恰用」的般若智慧嗎？我一躍而起，用壓克力顏料在金色繪板上化作蜂鳥，將心中沉積已久的公案盡情宣洩，並寫詩如下：

在東方
美人飽滿的
壺中
以禪為境
汲取蜜香

原載於二〇一一年十二月六日《人間福報》副刊

周榕清以我的土樓詩製作的武夷大紅袍鮮葉造型漆器茶盤。

## 大紅袍漆器茶盤

一枚放大版的武夷大紅袍鮮葉在燈光下閃耀艷紅的光芒，左邊接近茶梗的地方，是著名的福建田螺坑土樓群圖，也就是台灣遊客耳熟能詳的「四菜一湯」南靖土樓，右方葉面則是我毛筆書寫的一首土樓詩，兩者皆以極為細膩的大漆「描金」技法，在茶席中呈現福州漆藝華麗而不俗艷的人文境界。

那是福州漆藝名家周榕清教授，今春應和成文教基金會之邀，來台作為期一個月的學術創作交流，在機場入境大廳親手交給我的新年禮物，也是特別為我量身打造的漆器茶盤。其實早在去年中，福建省政府參訪團抵台時，致贈我方官員的見面禮，就是幾幅由周榕清所創作的漆畫。

時間拉回二〇一一年元旦，當時擔任北京清華大學優秀訪問學者的周榕清，受邀在中國福建省美術館舉行畫展，經由當地資深媒體人曾章團與館方的提議，榕清透過網路搜尋在博客跟我連上了線，邀我共同以「近看兩岸之美」為主題，分別展出我的台灣古厝攝影與榕清的福建土樓漆畫，成了閩台兩地風情首度攜手呈現的雙人雙媒材展，當時引發了熱烈迴響。

兩人從此成了相知相惜的好友，甚至為了兩個月後我在新北市客家文化園區策辦「客家圍屋——兩岸土樓意象展」，榕清還親自開車帶我長途跋涉，前往南靖、永定、華安等縣，花費十多天深入各地土樓拍攝採訪，彌補福建土樓列入世界文化遺產後，我不及蒐羅的圖文缺口。

話說漆畫是從中國傳承數千年的漆藝發展出來的新媒材，以大漆（即生漆）做顏料，運用漆器的工藝技法，經逐層描繪和研磨製作而成的畫，也稱為「磨漆畫」。中國傳統漆藝也因此由漆器、漆塑的立體形式，開始加入平面的繽紛。

福州自古就以脫胎漆器聞名，以泥土、石膏、木模等做為胚胎，再以蔴布或綢布和生漆在胚胎上逐層裱褙，待陰乾後敲碎或脫下原胎，留下的漆布器形再經打磨、生漆研磨，施以各種裝飾紋樣，才能成就光亮絢麗的美感。

長期任教於福州閩江學院藝術系的周榕清不僅精於漆器，也是今天中國漆畫創作的佼佼者，在傳統漆畫技法的基礎上，融進福州名滿天下的脫胎漆器製作手法，結合了「畫」與以周榕清脫胎漆器茶盤所擺設的正式茶席。

「磨」，更囊括了刻漆、堆漆、雕漆、嵌漆、彩繪、磨漆等不同技法，由「技」入「道」，再融「技法」於「筆意」。內容不僅打破過去花鳥人物與仿古圖案等藩籬，作品更呈現璀璨無比的貴氣。

二〇一二年六月，在北京舉行的「綠世界——國際版權博覽會」上，周榕清就以一幅長達十六米的土樓布面漆畫長卷，擊敗一百多個國家參展代表，勇奪「最佳創意獎」，就連向以漆藝自豪的日本代表都為之驚嘆。

以他送我的漆藝茶盤為例，先以生漆和瓦灰依脫胎工藝技法，用麻布為媒材上漆打底、磨製光滑，然後用自行調配的色漆在底板上層層描繪；再利用漆的厚薄不勻，使畫面產生富於變化的明暗曲折，而完成後的亮滑與平整尤讓我嘆為觀止。

除了害怕生漆過敏而略過髹漆、揩清等起始階段，我在福州曾全程參與、拍攝榕清完整的漆藝創作過程，常看他為了表現實體的質感，而將泥金、泥銀、銅，甚至金箔、銀器、蛋殼、貝殼、石片等調入，彩繪打磨出金銀、天藍、蘋果、蔥綠、古銅、蛋白等顏色，使畫面層次更加豐富，堪稱使用最多複數媒材的創作了。

例如二〇一〇年榮獲全國金獎的漆畫「紅櫃子」，櫃子上的銅環、燒水壺與鐵鍋等，就大膽採用銅、鐵等重金屬，運用鑲嵌、貼箔、變塗等技法，最後再打磨並罩上透明漆，用細瓦灰與生油來回推光不下二十多次才大功告成，淋漓盡致地整合繪畫與工藝，作品的「大氣」可說無出其右。

學院出身的周榕清還有嚴謹的油畫教育背景，技法融於筆意而不滯留；尤以「土樓」系列最能反映他在構建漆畫造型、色彩、圖式等方面的思考與創意。由於畫面多用黑漆磨光，所以表面多能呈現出寶石般的烏亮光澤，古樸渾厚且燦爛奪目。

當茶藝巧遇漆藝，竹雕名家李國平的大漆茶則深受茶人青睞。而在茶席中，與常見的陶製、石雕或孟宗竹緊壓成型的茶盤相較，榕清餽贈的脫胎漆藝茶盤，不僅輕巧且質地堅固、方便攜帶，還有碰不壞、摔不破、不掉漆、不褪色，以及耐熱、耐酸、耐鹼、絕緣等優點，參加茶會可說再合適不過了。在他還停留台灣的這幾天，我得想辦法說服他量產才是。

原載於二〇一三年三月十二日《人間福報》副刊

# 鋦補重生的陶杯

從王老邪手上接過完好如初的岩礦大杯，儘管欣喜若狂，我仍有些不敢置信：迫不及待注入滿滿的沸水測試，涓滴不漏甚至未見任何水漬滲出的外觀，讓我大感驚奇。

小心翼翼地捧在手心仔細端詳，經由王老邪巧手回春、讓一堆殘破的碎片各自歸位的陶杯，外壁連同內緣共鋦補了六十一枚騎馬釘、十枚體積稍大的梅花釘，釘釘恰到好處；將整體外觀點綴得玲瓏有致，還巧妙地避開了杯口原有的銘刻文字，

嚴整有序且絲毫不見紊亂。我想起多月前初次見面時，他不斷強調的家傳八字箴言「縫補生命、修復藝術」。可以說，比破損前的原貌更具藝術價值了。

號稱「關外鬼才」、名字已作為中國鍋瓷技藝申報非遺名錄的王老邪，至今鍋補過的名壺不下千百。去年冬天他應「人澹如菊」之邀，遠從東北來台傳習鍋補技藝。經由廣播電視名嘴鄭君的安排，我與他面對面做了兩次深入採訪，以「黃金巧手補破壺」為題發表圖文在今年四月號的《明道文藝》，也整理收錄在我的新著《台灣茶器》書中。離台前我趁機將破碎的岩礦陶杯求治，沒想到他哈哈大笑，說我已用強力膠黏合，得加收脫膠費做為懲罰，對至少六十餘處的碎裂卻毫不在意，讓我不免懷疑「真有這麼神嗎？」

儘管心中忐忑，但王老邪可絕非浪得虛名：他是泰山元極門第三十七代、原宮廷造辦處禦工王神手之孫，四歲開始在北京琉璃廠西側的自家老宅學藝，十歲就擁有家傳二十四樣、七十二種、一三六道獨門絕技，目前家中仍留有清朝康熙二年御賜「烏龍堂」的匾額。所用鍋釘全由自己打造，從不假手他人，鍋補後也無須任何黏劑，利用金屬的收縮原理自然做到滴水不漏，技藝可說已達出神入化的境界。無怪乎去年同時受邀在台北故宮演講，幾乎場場爆滿，座無虛席。

其實早在物質不甚豐厚的年代，民間就有所謂的「鍋瓷匠」，專門為人修補破損的陶瓷器，閩南語稱為「補碗仔」。只是隨著時代的進步，今天技藝多半已經失傳，絕大多數的現代人往往將不慎打破的陶瓷器隨手丟棄，殊為可惜。

交給王老邪的陶杯係古川子所贈，話說我多年來一直倡導「喝台灣茶、用台灣壺」，從二〇〇四年第一次在台北紅樓為台灣岩礦壺策辦發表會以來，從不間斷為岩礦壺撰文發聲，與兩位開創者古川子、鄧丁壽也成了相知相惜的好友。本名廖志榮的古川子有次看我忙著趕稿無暇泡茶，特別以拉胚後拍打成形的一個岩礦杯相贈，上面還特別以他的「牛角書法」刻了「台灣岩礦壺發現者——詩人德亮」文字，讓我欣喜萬分。

如此精緻且極具紀念意義的茶杯當然不捨得使用，我將它小心擺放在書櫃正中。某日心血來潮正想取用，沒想到外觀居然滿佈裂痕，讓我一度誤以為潛藏的冰裂紋終於浮出杯面。大感疑惑之時，妻才在一旁誠實招供：原來有次擦拭時不慎摔破，為了不讓我察覺，特別花了三天三夜以強力膠逐一拼湊黏上，這樣居然也能瞞過我的眼睛長達一年之久，顯然「黏補」也有相當功力了。

今年九月，王老邪再度應紫藤文化之邀來台，分別在北、中兩地舉辦多場鋦補傳習。果然是重承諾的關外鐵漢，王老邪甫下飛機，顧不得長途飛行的勞累，就先與我約在麗水街的三古手感坊見面，將浴火重生的陶杯親自交給我。

原本單純創作的岩礦陶杯，破碎後經由鋦補而再生，結合了兩種不同藝術的創作，可說彌足珍貴。我想起阿爸生前一再告誡我要「愛物惜物」，更加珍惜這份難得的機緣。

原載於二〇一二年九月二十五日《人間福報》副刊

# 村長伯的茶陶成績單

儘管早已卸下村長職務，許多人還是習慣稱他為村長伯。九二一大地震肆虐鹿谷的同時，他跟往常一樣，顧不得自家的嚴重傾塌，四處幫忙救災。眼看當時房屋倒塌、道路崩裂，山坡上的茶園幾乎全毀；地震後以貸款重建餐廳，甫開張又遭逢桃芝颱風土石流再度沖毀，讓他欲哭無淚。

他是吳錦都，曾經是日出而作的勤奮茶農，兩大災變毀了他的茶園與餐廳，卻未能將他擊倒，反而振作精神踏上龜裂的土地，擦乾淚水重建家園。三度開張的餐廳愈戰愈勇，很快又成了前往杉林溪、溪頭等地遊客與周邊鄉鎮老饕的最愛。

不過，其他村民可沒有那麼幸運，茶園毀了、茶行垮了，日子不知怎樣過下去。以原本從事茶葉產銷的張建都為例，災變加上骨質疏鬆症的三重打擊，勉強以鋼架支撐的虛弱身軀仍須面對失業的困境，絕望得直想自殺。茶園當時雖已逐漸恢復生機，卻面臨越南茶葉大量進口的衝擊，茶農無法再生產中、低檔茶，只能做高檔茶，在收入銳減的情況下，不得不思考轉型或經營其他副業。

所幸同樣從廢墟中站起來的，還有長年隱居村內的陶藝家鄧丁壽，儘管兩次天災使得畢生作品與工作室全毀，依然以鐵皮屋重建工作室繼續創作。他找上了熱心的前村長伯，要他說服村內的失業茶農一起來學陶，不僅提供材料，教學完全免費，還要送每人一座拉胚機「轆轤」。

就這樣，吳錦都帶著將近十位茶農投入鄧丁壽門下，鄧丁壽也找來了師弟古川子幫忙，將每位學員取了個以「古」字開頭的筆名，包括古心、古天、古金、古生、古成等，象徵人生重新出發，吳錦都也成了大弟子「古帛」。

從此在鐵皮組合的「壺蝶窯」工作室內，無論日夜均可看到茶農埋首拉胚的身影。但龐大的泥材如何而來？鄧丁壽認真觀察後發現，地震與土石流雖帶來重大災難，但過去深埋地下、根本無法以人工挖掘到的岩礦，卻也意外的破土而出。其中綠泥石、頁岩、鞍山岩、蛇紋石、貝化石、磁鐵礦、梨皮石、麥飯石等，都是質地十分優良的製壺材料，鄧丁壽特別帶領弟子將其採集磨碎後入

古帛手作的金戈如意側把岩礦壺。

古帛以璀璨的抽象釉彩呈現龍行四海壯闊繽紛的龍年壺。

陶，高溫焠煉成為令人讚嘆的台灣岩礦茶器，成功的將大地撕裂的產物還原成器皿，將上帝帶來的災難變成賜予的禮物。

經過多年的辛勤學習，從煉土、拉胚到燒窯，茶農們開始脫繭而出，蛻變為創作不懈的陶藝家，作品也逐漸受到遊客的青睞，前往各地參展也多有斬獲。對茶器要求極高的香港茶人更頻頻組團前來參觀購買，認為九二一岩礦壺不僅能轉化水質為軟水，續溫能力也絕不遜於紫砂壺。

原本為鼓勵大家而率先投入的吳錦都，儘管家族的餐廳營運已讓他忙翻，為了作大家的榜樣，深怕有人中途退出，每天仍須咬緊牙關利用深夜辛勤創作。十多年來果然繳出了漂亮的成績單：不僅造型已有了強烈的個人風格，就連釉藥也都自行調配，強調以自然入釉，除了拒絕化學溶劑的傷害，更讓茶壺外觀呈現大自然生機飽滿的色彩，充滿渾厚的質感。正如鄧丁壽所說：「陶土是肉、岩礦是骨；有骨有肉才能成體、有骨氣。」至今作品且大多被挑往美國紐約展售。

以龍年製作的陶壺為例，鄧丁壽早在上一個龍年，就有龍形古逸壺的問世，樸質的壺身搭配意象鮮明的祥龍提把，呈現古逸盎然的帝王氣勢，在當年造成搶購風潮。十二年後的今天，大弟子古帛再以璀璨的抽象釉彩，揮灑在原本質地粗獷的岩礦壺上，呈現龍行四海的壯闊繽紛，令人激賞。

我特別喜歡他日前在台北素博會「兩岸茶藝區」所展示的一把「金戈如意」側把壺，鐵色為主的寬口造型，像極了電視劇中古道熱腸的村長伯。細看他粗獷中更見細膩的橘皮外觀，無論壺蓋的層層漣漪，或飽滿壺面上湛藍的繁星，均有明顯的金色妝點，充滿繽紛的貴氣。吳錦都解釋說，較重的還原燒原本就帶有金色光澤，再噴以金水就更璀璨呈現了。

再看他縷空的側把，不僅有線條流暢的金色如意花飾，而鑲嵌或開瓣的葉形與花捲，更一氣呵成地對應尾端上掀的書卷，最後再以金色鑲邊劃上完美的驚嘆號，讓現場觀眾都讚嘆不已。

原載於二〇一三年五月二十一日《人間福報》副刊

# 蝙蝠車上的野溪岩礦

友人陳君新購入了一輛黑色超跑，據說與台灣娛樂圈周姓小天王擁有的蝙蝠車系出同門，儘管只是網友的暱稱，而非「蝙蝠俠」電影中的具體形象，但身價也高達令人咋舌的四千七百萬了。不過，當陳君跟我提到有別於其他超跑的鷗翼式車門，強調更酷炫的鍘刀式開門方式，以及零到一百公里加速僅需三秒的極致性時，我腦中快速閃過的靈感卻是：「如何在展翅的巨大蝙蝠上擺設茶席？」

就在陳君爽快答應的同時，岩礦壺名家游正民適時來訪，攜來了幾件剛出窯的新作，表示將在十二月舉辦個展。時間拿捏得正巧，我毫不猶豫就抓起茶巾鋪上黑亮的引擎蓋，或在駕駛座旁擺放茶桌，再以木刻彩繪茶盤搭配游正民的茶壺與翁明川的茶則、茶匙等，利用落日前的柔光，呈現極致奢華科技與手工藝術創作的強烈對比，當然也吸引了無數圍觀的路人；可說是全球第一個現身在蝙蝠車上的茶壺吧？

話說游正民早期以「白夜」為筆名創作茶壺，其間曾一度淡出，轉戰廣告傳播事業；身為中和游姓大家族的一份子，游正民沒有任何世家子弟的浮誇與嬌縱，反而在事業達到顛峰時急流勇退，再度投入岩礦壺創作的行列，從炫燦歸於平淡後更繳出了漂亮的成績單。

其實岩礦本為台灣礦石的統稱，豐富且具多樣性。而岩礦壺的崛起則始於本世紀初，源於古代道家取材麥飯石、陽啟石等的「藥石理論」，使用台灣岩礦做出來的陶壺筆觸粗獷，且最適合軟水沖泡、改變茶湯口味；還因為壺中的礦物元素會將茶的苦澀轉為中性、變得柔順，堪稱台灣本土壺的代表。

此外，台灣岩礦壺因多次高溫氧化還原，仍保持結晶並形成「海綿性氣孔」，有利於茶香及茶韻的保持；土胎質地且更加堅硬，壺胎呈現光芒的質感。尤其經久用與滌拭後更增溫潤，可以堅緻如金，不僅適宜沖泡普洱茶、重發酵與重焙火茶，即便近年紅透半邊天的台灣高山茶，也能輕易釋出最佳的香氣與口感。

近年台灣壺在對岸發燒，許多藝術家的創作心血往往在一夜之間遭到大量仿製，唯獨必須以台灣岩礦為原料高溫焠煉的質感無法仿製。尤其台灣岩礦壺強調以自然入釉，取材自樹木灰或泥漿，甚至溫泉泥、茶渣等無一不可以入釉，例如以茶葉或飽滿脫落的肉桂樹皮磨成粉狀後作為灰釉，不僅可以避免化學溶劑傷害，更可以讓茶壺外觀呈現茶葉或雪花紛飛的釉色，深受茶人青睞。

游正民強調以台灣礦土與台灣的質樸之美，捏塑出台灣的風格，希望在「壺」與「茶」的互動中追求壺藝的內涵與創新。他還喜歡深入台灣各地溯溪，在南橫或宜蘭、新店等水流淙淙的溪邊撿拾野溪岩礦，成分包括天然赤鐵礦、石英高嶺土、鈉長石、黑雲母等多種不同的礦物組成，原本就飽含豐富的生命力；敲碎研磨後融入陶土創作，作品更呈現強烈的質感

與個人風格；泡茶時彷彿站在溪邊，空氣中不斷釋放的負離子正伴隨茶香一起入喉，最是愜意不過。

游正民的創作風格較為多元，造型豐富而多變化，例如以四支壺嘴、提樑可以三百六十度旋轉的「多嘴壺」，設計上就頗具巧思，壺蓋無須再開氣孔，任何一個方向都能順暢出水，外型也甚為討喜。再看看他以本土肉桂葉晾乾後燒灰再拌以石英礦石所成就的天然釉色，整體呈現棉絮般的輕柔，有效減去寬廣口緣的負重感，黑亮的壺鈕與提把則一前一後演繹出完美的曲線，沸水沖入後能將飽滿的熟韻完全釋出，令人驚喜。

原載於二〇一二年十二月四日《人間福報》副刊

# 警局裡的陶壺茶香

一向讓人望之生畏的警察局，總是給人嚴肅、森冷的「衙門」刻板印象，中外皆然。很難想像有一天，洽公或報案的民眾踏進入口大廳，赫然發現名家的陶壺創作伴隨著濃濃的茶香飄搖展示，會是怎樣的畫面？今年警察節前夕，台北市政府警察局特別邀請資深陶藝家翁國珍舉辦陶壺展，現場並有泡茶與拉胚的示範表演。

其實翁國珍並非第一次受邀展出；主辦單位說警察同仁平日勞心勞力、工作壓力大，因此每年警察節，台北市警局除了頒獎表揚優秀警察外，都會舉辦相關藝文活動，紓解同仁繁忙的工作壓力並陶冶身心。只是過去多以警察同仁或眷屬作品為主，直至前年才開始邀請藝術家參與。翁國珍發自大地龜裂的省思作品，早在前年就引起甚大迴響與共鳴，因此再度獲得邀請。儘管展期僅有短短的一天，卻也讓人忍不住要為市警局的文化創意鼓掌。

從四歲開始，就耳濡目染跟著父親翁成來習陶，至今已有五十年「陶齡」的翁國珍，一九八三年作品就獲英國前首相奚斯收藏而聲名大噪，八〇年代且獨創「單手內撐」技法，即拉胚時以單手由內往外撐，成就「大地的省思」系列作品，獨樹一格地以大地裂紋為創意融入茶器。

細看翁國珍十年來的作品，幾乎都一定程度感覺了大地撕裂的強烈震撼，緣於十多年前的酷暑，他發現烈日炙曬下隨處可見龜裂吶喊，從樹木、道路、曠野甚至水庫底部無一倖免，在極度震撼衝擊下開始思考創作的方向，開始藉由柴燒茶器將裂紋意象一一呈現。希望在地球溫室效應日趨惡化的情況下，喚醒大家對這

一片土地的關心。

翁國珍的作品還有一項特色，就是厚重踏實，擁有豐厚氣功底子的他說，為了熟悉每一批陶土的土性，揉土時幾乎都以融合太極的氣功，將內在勁道與感情全然注入，彷彿武俠小說中武功高強的老師父，將畢生功力一股腦兒全灌入急於下山報仇的徒弟般。他也大膽使用厚重的陶土，用拉胚的豐厚實力一氣呵成，創作的茶壺體胚厚度約比一般大上一至二倍，如此不僅可以聚熱保溫，還可以將重發酵茶品底韻充分釋出，作品更洋溢無比的生命力與爆發力。

十多年前就曾任中華民國陶藝協會理事長的翁國珍，特別將他厚重的陶壺命名為「發壺」，不僅自然樸實、粗獷且充滿陽剛之氣，在看似相同的裂紋中也極富變化，還喜歡以還原燒將陶土中的微量鐵質釋出，點點班痕呈現壺身外緣，認為可以使水變得柔軟，水分子更加綿密。

翁國珍的壺把也十分特殊，在兩岸陶藝界都可稱得上「獨一無二」。源自於大地許多奇石枯木的天然造型，充滿生命力而不做作，尤其尾端的巧思讓把手剛好卡住壺蓋，泡茶時即便傾斜九十度注水也不致脫落，可說創意十足又有實用性。

儘管在擔任陶藝協會理事長期間大力推動柴燒，而掀起台灣近年的柴燒熱潮，甚至還率團前往對岸交流，在廣東佛山石灣陶以早年留下的「龍窯」燒造，為兩岸的柴燒復興開啟新的紀元。但對於現代人普遍使用的電窯、瓦斯窯也不斷嘗試，希望創作出最完美的作品。

為了去除一般人對柴燒壺僅能沖泡重發酵茶品的疑慮，翁國珍特別反覆思考試驗，在外觀完全不上釉的壺身內部，加上了有毛細孔的天然灰釉，可以充分聚香。他說陶土的含鐵量還原產生如玉般的翠綠色澤，而非一般青瓷在釉藥內加氧化鐵的發色呈現，因此絕對天然、健康，而且沖洗後可以再沖泡其他重發酵如鐵觀音等茶品，原有的清香不會留下攪和。我特別用他的柴燒新壺試泡剛剛取得的梨山春茶，果然瞬間將高山特有的山靈之氣全然釋出，香氣尤其飽滿。

同樣施以天然灰釉，卻成就外觀質感的新作「羊脂玉」水方，釉藥與陶土各兩公斤的重量就已令人咋舌，再看光滑細膩的色澤，以及溫潤柔軟的觸感，彷彿表面包覆了一層看不見的油脂。以手觸摸，儘管開片的裂紋交錯其間，仍有肌膚相觸的溫熱感度，在燈光下呈現沉穩內斂的光澤，溫柔而綿密。顯然就細膩度而言，已接近和闐羊脂古玉的境界了。

原載於二〇一三年六月四日《人間福報》副刊

# 鳳山訪壺看見牛吃餅

車子在鳳山市區繞了大半天，衛星導航明明告知「已達目的地」，午後寂靜的小街卻絲毫嗅不出陶窯的存在。就近找了酐仔店詢問，老闆娘指向前方的兩層透天厝，醒目的陶板上刻了三個大字「牛吃餅」，不就是劉世平嗎？將自己名字的諧音作為工作室名，且完全不提陶藝，令人忍俊不禁。

金價越來越高不可攀，讓龍年搶著結婚的新人頻頻叫苦，不過台灣卻有不少壺藝家樂在其中，近一、兩年的壺藝展覽，就不乏金光閃閃的茶器，以不同材質或技法融入陶壺，呈現黃金美學的貴氣，讓喜愛黃金的民眾與收藏家趨之若鶩。

劉世平就是其中擅於點「壺」成金的高手，他的黃金表現，主要是以附著性佳的「金水」作為加飾材料，使原本的陶壺呈現貴重金屬的奢華感。作法是在陶壺燒成後淋上金水，再以攝氏七二〇度左右的低溫二次燒造，因此無論耐磨性、耐洗滌性均十分優越，而品質與色感也十分穩定，不易褪色或脫落。但胚體結構的不同或二次燒結溫度的差異，都可能影響黃金發色的亮度與質感，因此非經長時間的反覆試煉不可。

趁著赴高雄演講之便，我與劉世平相約在他鳳山的工作室。將車停妥，屋內原本傳來悠揚的古琴聲，嘎然而止後卻不見古琴，原來是劉世平用數位鍵盤樂器模擬音色，再以熟練的鋼琴技法彈出。接著要我務必品嚐他用陶窯「烘焙」的咖啡，真是大砲打小鳥了；就在我一陣錯愕的同時，他頗為自得的告訴我，那是自己百般嚴選的南美咖啡豆。

此外，屋內全部的桌椅板凳、櫥櫃，甚至一旁的音響、揚聲器外殼，除了電子零件，全都是由他親手以木作打造。原來劉世平不僅玩陶、玩音樂、烘焙咖啡，還會像明末的熹宗皇帝一樣精於木工。一連串的驚奇，讓我初次與劉世平見面就留下深刻印象，忍不住想邀他加入「全方位藝術家聯盟」的行列。

果然是個相當有趣的朋友，劉世平自嘲牛吃餅卻只愛獅子，除了大門口擺放的一對石獅子外，創作壺也多以金水造就的金毛獅王為壺鈕，作為他最主力的「飾紋獅鈕壺」系列，包

括勇奪第二屆「台灣金壺獎」第一金的「金采獅鈕」在內。儘管我始終感覺像狗而使得他不太服氣，但中國古代根本沒人見過獅子，今日隨處可見的石獅子，據考證當時應該是以北京狗的形象所塑造，且比真正的非洲獅來得可愛多了。

劉世平每隻黃金獅子都有不同的表情，仔細觀察他的胎土質感，無論壺身或提把均明顯可見押印、刮花、擠泥等不同技法的軌跡，陽刻與陰刻紋飾、簡化的雲彩符號等，呈現多變的風貌與濃濃的台灣味。除了以黃金凸顯華麗質感，劉世平也常以白金加飾，乍看還以為是近年頗為風行的銀壺，少了貴氣卻更為沉穩；有時他也用木材做為把手或壺鈕。

擁有精湛的木工技藝，劉世平對木頭自然也有深入研究，經常為茶壺裝上不同的木質把手。他說台灣有三千多種樹，他都認真去了解，不僅自己種樹，也常上山下海尋找合適的木材或漂流木，包括融入壺的創作與家居的打造。而把手與壺鈕最常用的是台灣中南部低海拔的榔榆木或黃連木。

在牛吃餅工作室，藝術與生活幾乎沒有界線，劉世平說那就是他的創作風格，要「重新思考陶瓷的原始實用性及功能性」，且「必須」融入日常生活。

原載於二〇一二年四月十日《人間福報》副刊

# 金銀璀璨台灣新柴燒

我在二〇一二年出版的《台灣茶器》書中曾提到：台灣近年有一群陶藝家，完全不用金水、金箔或任何釉料，純粹以「一土、二火、三窯技」的柴燒烈火質變，表現出兼具黃金光澤與多種色彩互補的「金銀彩」，由土胎浴火鳳凰釋出的天然金色，不僅層次豐富，更飽含敦厚婉約的光芒，堪稱傳統柴窯的革命，我特別定義為「台灣新柴燒」。

提到柴燒，早已習慣玩賞電窯或瓦斯窯「釉燒陶」的一般民眾，經常對火痕與落灰造成的質感感到不屑，並常有粗糙或不夠精緻的錯誤印象，其實應該是認識不夠所致；因為放眼瓦斯與電尚未問世以前，鈞、汝、官、哥、定等聞名於世的宋代五大名窯，或「白如玉、薄如紙、明如鏡、聲如磬」的景德鎮瓷器，所有傳世作品全都是以柴窯燒成。只是當時唯恐落灰造成器皿瑕疵，除了水缸、酒甕等粗陶外，所有陶瓷器都以匣缽包覆後再投窯，極致呈現柴燒最細膩的一面。與現代壺藝家藉由柴燒返璞歸真，在質感上自然有所區隔。

除了書中所提到的吳金維、李仁嵋兩位金銀彩陶藝名家，今年我特別再走訪眾多陶藝家口中的「追金」樂園，座落在苗栗縣造橋鄉田野之中的「柴夫窯」，主人廖玉瑩原本為自己建造的柴窯，近年已擴充至四窯之多，最近還在附近繼續購地加建兩窯，以滿足越來越多壺藝家的追金需求。

憑著一股對柴燒的執著與狂熱，廖玉瑩於二〇〇七年蓋了第一座柴窯，取得木雕廠鋸剩的邊材，將「土、窯、柴」三者累積的能量，在烈火高溫中焠煉為亮麗的永恆；作品不僅洋溢金晃晃的溫潤色澤，且保留了柴燒渾厚內斂的火痕質感，尤其投火後竟能燒出高達一米的大口甕茶倉，讓我大感佩服。柴夫窯的名聲從此不脛而走，吸引全台各地的陶藝家紛紛前往，「獨樂樂、不如與眾樂樂」的廖玉瑩乾脆擴大規模，做起了出租柴窯的生意。

由於燒出金銀彩的良率甚高，廖玉瑩說目前每窯每年都可排到三十次以上，幾乎窯窯客滿。儘管租金收入頗為可觀，但由於一窯每次平均約需燒掉五—六噸的木柴，需求量甚大，必須四處奔波到木材廠找邊柴，一年需付出約九十萬元的柴火錢，所費不貲，包括硬柴、鬆柴等，以柳安木為大宗。

廖玉瑩的柴燒金銀彩茶壺。

從苗栗三義前往通宵的山區道路上，清脆的風鈴聲自濃密的花園叮叮咚咚擴散出來，一座由紅磚與一大片陶燒桐花牆所構成、占地兩千坪的「彙古陶邑」，頓時出現眼簾。笑盈盈出門迎接的主人戴志庭與陳奕孜伉儷，儘管近年才投入柴燒的領域，所燒出的金銀彩卻堪稱是今年最令人感動的驚嘆號。

戴志庭原本在台中從事室內裝潢，科班出身的陳奕孜則是來自鶯歌的陶瓷彩繪畫師，戴志庭婚後受到愛妻的鼓舞才轉型陶藝創作，至今也有十八年的歷史了。烈火焠煉而來的愛情不僅堅硬如金，也使得夫妻倆決定在苗栗幽靜的山區，為自己建構一座現代桃花源，在啁啾鳥鳴伴隨的偌大空間成立工作室拉胚製陶，十多年來也影響傳承了一對兒女投入陶藝創作的行列。

陶藝緣於女主人的陶瓷彩繪專業，戴志庭夫婦早期作品自然以手繪青花瓷器為主，之後逐漸在釉色中屢創新意，並結合在地特色開發系列生活陶品：包括造型極簡卻飽含古典與現代時空交織的飛天茶具組、客家風味十足的桐花茶具組，以及從精緻小巧的薄胎瓷杯到大型釉色繽紛的花器等，都曾多次入選為台灣客家特色商品。

戴志庭的黃金爆裂柴燒壺。

陳奕孜鑽石切割般稜角分明的柴燒壺。

從兩年前瓦斯窯細緻的黃金肌理不斷演變，戴志庭今日則以柴燒成就岩石般爆裂的紋路外觀，為茶器呈現最自然的美學貴氣。儘管茶器外觀以裂紋呈現並非首創，資深陶藝名家翁國珍早在十多年前即以獨創的「單手內撐」技法，成就「大地的省思」系列作品，獨樹一格地以大地裂紋為創意融入柴燒茶器。但兩人的裂紋意象卻迥然不同：翁國珍呈現的是烈日炙曬下隨處可見大地龜裂的吶喊，戴志庭的黃金爆裂則有條不紊地傳達泥土焠煉成金的律動，節奏明快而不會帶給觀者任何的壓力。憑著自己不斷研發的陶土配方，撐出爆裂的深度與寬度，再藉由火與空氣流動、金屬與流釉交互表現，以凹凸面金銀交錯的色彩成就的質感，正是戴志庭壺藝的最大特色。

而陳奕孜則以類似切割的技法，將茶壺或茶倉外觀的筆觸演繹為鑽石般稜角分明，包括完美鑽石必要的深度、桌面百分比、磨工與對稱等都發揮得淋漓盡致，正如鑽石專家所強調的「切割工藝臻於極致的鑽石，光線投射後會將璀璨由鑽面閃亮反射出來」，加上竄燒的火紋及自然的落灰，霸氣十足的茶器同時呈現黃金與鑽石的奢華意象，令人驚艷。

步入「陶布工房」，後腦杓綁著一條馬尾、長髮斯文的蘇文忠打開話匣子，說自己在美工科畢業後就一直跟隨資深陶藝家宮重文，從煉土到拉胚、釉藥，燒窯等功夫都歷經長時間

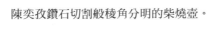

的淬煉，奠定了今天陶藝的渾厚基礎。至一九九五年成立陶布工房開始逆風高飛，粗獷狂野的作品充滿強烈的個人風格，儘管他再三跟我強調「並不刻意追求金銀彩」，但明顯可以感覺火焰流竄在陶坯上所烙下的吻痕，層次豐富的金質若隱若現地透出紅色肌理，表現在他所獨鍾的台灣陳年老茶沖泡，更能感受無可抗拒的一股霸氣。即便是陶藝家無法掌控的落灰窯汗，也能在撕裂的胚體細密有致地呈現出神秘多變的風貌。

蘇文忠也喜歡為茶器披上爆裂的外衣，只是裂痕往往以塊狀分布呈現，彷彿地球儀上突出海面的陸地，又像深邃湖面上密佈的大小島嶼，內斂的金彩質感自然樸實、粗獷且充滿陽剛之氣，在看似相同的裂紋中也極富變化，充滿自然多變的色彩與樸拙的風韻。

蘇文忠的茶器還有一項特色，就是往往會在蓋扭來上一道神來之筆，例如將友人創作的石雕小豬，或愛妻曾琬婷親塑的神話瑞獸等，作為大型陶甕茶倉或茶壺的蓋扭，不僅增添了作品的趣味與美感，也為整體的造型劃上完美的句點。

當過球僮、茶葉行銷，只因為愛上台灣老茶，在苦思貯藏與

蘇文忠的塊狀爆裂柴燒壺。

葉樺洋的柴燒金彩竹意壺。

沖泡方式多年後，毅然投入柴燒茶器創作的行列，新銳壺藝家葉樺洋所燒製的茶壺，除了金銀彩飽含的溫潤質感，還能精準地沖泡出台灣陳茶特有的蔘香、棗香或藥香，讓我大感驚奇。

目前擔任官韻老茶藝術總監的葉樺洋，投入壺藝創作的時間並不長，卻比一般壺藝家付出更多的心力。例如側把壺大多為陶燒一體成型，或如李仁嵋的圓木側把，或連炳龍在黑檀木上點綴金飾，葉樺洋卻深入山區苦心覓得一截又一截的天然小竹頭，兩種不同素材結合成的近作「金彩竹意壺」系列，不僅張力十足且饒負趣味。

與一般壺藝家成長的過程全然不同，朋友口中的「小葉」從未正式拜師學藝，卻因為熱情、謙卑且樂於助人，而能有眾多「大師」主動且費心地傾囊相授，甚至在創意上多所啟發。觀察他的言行舉止，我常會聯想到張良與黃石老人的故事，由於謙恭有禮與多次嚴苛考驗的耐性而獲授兵書，才能在秦末輔佐劉邦取得天下，成就萬世之功名吧？幸運的是小葉身旁不只一位黃石老人，作品得以兼具各家之長，以不斷求變的技法與創意呈現，才能在新柴燒彼此競豔的領域中，迅速崛起成為急起直追的後起之秀。

葉樺洋告訴我，柴燒創作不僅單純地將土焠煉成陶，還要為作品披上多變的彩衣與不同的風采質感，呈現亮麗繽紛的烈火熱情。細看他的柴燒作品，除了金銀彩般炫燦的外觀，更有綿密內斂的深層波紋，一如他從不吝與人分享的個性，律動、活潑、明朗，讓人一眼就喜歡。

此外，一般柴燒唯恐溫度過高、或不待冷卻急於檢視，為避免茶器破裂的風險，大多數的創作者通常會增加胚體的厚度。唯獨葉樺洋勇於挑戰薄胎，歷經多次的失敗不斷調整，使得他的作品相較於一般柴燒，來得更輕、更薄，玲瓏有致的造型更深受女性朋友的歡迎。

父親黃來發是三義著名的木雕家，自己卻在高中畢業後投入陶藝界，多年後再進入亞太創意技術學院主修陶藝創作，比起其他壺藝家，年僅二十二歲的黃佩儀除了有才氣與「入世」的不斷歷練外，更有學院與非學院交錯的薰陶為基礎。

第一次見到黃佩儀是在苗栗造橋的柴夫窯，由於柴窯必須在不斷吐出熊熊火焰的窯口前添柴加火，但見許多資深的女陶藝家都用帽子、頭巾等將臉部裹得緊緊的，只露出兩眼，深怕高溫烈焰燙燒傷嬌嫩的肌膚；唯獨一位年輕女性不用任何遮蔽，直接就抓起薪柴往窯口送，大無畏的精神讓我大為感動，也許正是這樣的熱情與衝勁，才能在連續九十六小時不眠

黃佩儀的柴燒壺。

不休的烈火高溫中，將浴火鳳凰的土胎蛻變為飽滿的金銀彩，在豆蔻年華燒出令人讚嘆的茶器吧？

沒有一般女大生的休閒娛樂，黃佩儀除了求學外，其餘時間幾乎都在埋首拉坯燒陶，卻能怡然自得安於一堆泥土中。從女性婉約細膩的思維出發，再以融合各家之長的創新技法，在柴燒看似粗獷的胚體上，尋求細膩質感的最大公約數，可說難能可貴。因此作品每次出窯，在三義觀光大街父母開設的木雕店內，總是很快被搶購一空，讓資深木雕家的父親都忍不住吃味。

原載於二〇一三年二月號《獨家報導》雜誌

# 古厝茶香

那是一個陽光異常熾烈，天空卻皎白得近乎透明的日子；叢叢密密的茶樹先用薄霧隔開遠山，再以一條條近乎垂直的小徑連接地面的茶園綠浪，為老厝鋪上層層柔軟的綠地毯。偶有白鷺鷥三三兩兩悠然掠過，暖融融的空氣加上濃郁沁人的茶香飄蕩，令人醺然欲醉。

原本要抄捷徑從關西到北埔，未料被衛星導航引至從未走過的鄉間小路之中，就在懊惱得想摔機的同時，眼前忽然出現一大片沙沙推湧的茶園，一座完整的三合院客家古厝就坐落其中，飛揚的馬背脊朵輝映紅褐的鱗鱗千瓦，彷彿遙遠又真實的夢境，讓我趕緊取出紙筆記錄最真實的感動。

迷航之旅帶來的驚喜顯然已不可多得，無論在城市或鄉間，或因都更或因後代爭產改建，甚至因大型高爾夫球場與遊樂區的不斷蠶食鯨吞，一落落漂亮的老屋古厝往往就被無情拆除，令人鼻酸。

其實兩岸都有相同的情況：二〇一一年開春，我受邀到福建省美術館與大陸畫家周榕清

共同舉辦「近看兩岸之美」雙人展，榕清展出的是他的漳州土樓漆畫，我則以攝影呈現台灣古厝之美。儘管作為閩南古厝文化最為豐富的福建省，當地領導與民眾在我的影像作品前仍掩不住興奮，告訴我「我們小時候就住這種房子，可惜大多被拆除了」。而當地各家電視台在報導展出盛況時，也必定以我的一席話「深怕哪一天醒來，又少了一落古厝」作為開頭。

翻開我電子相簿中的古厝檔案，再看看過去幾次畫展留下的畫冊，原本意氣風發的許多古厝，今天大多已消失在歲月的滾滾洪流之中，只能在

我一幅幅的畫作中局部呈現了。碩果僅存的關西茶鄉古厝能抵擋現代文明的頻頻入侵嗎？我不禁再度杞人憂天了起來，並寫詩如下：

群山環抱
綠浪推湧間
我昂然佇立
馬背為弓
茶香作箭
迎戰多變的
風雲

原載於二〇一二年五月七日《人間福報》副刊

建於 1933 年的東安橋是最具風韻的拱門式石橋（油畫 /65×92cm/2003）。

# 古厝雙橋老茶廠

沿著二十八號縣道從不起眼的橋面跨越潺潺牛欄河，嘩啦嘩啦的水聲瞬間劃破了鄉間午後的寧靜。將車停妥，順著石階步下河堤，豁然開朗的景象頓時在眼前造成驚喜：四座挺峭的橋墩自水面倏然拔起，將石橋分割為五扇飽滿流暢的拱門，仿日本皇宮橋樑而興建於日據時代一九三三年的東安橋，是關西最古老也最具風韻的拱門式石橋了。

不過，老舊的東安橋過於狹窄，不足以應付當地日漸擁塞的交通，險些遭到拆除的命運，所幸經過文化界人士的大聲疾呼，從善如流的地方政府於二〇〇三年在原橋右側加蓋了一模一樣的孿生新橋，雙橋並列橫跨淙淙河面，交通也獲得改善。

今天再見東安橋，新舊並列的雙橋，彷彿情侶般緊緊依偎相互守候著，鬱藍有雲的天空交疊著綠樹、橋墩以及河堤的景色，凹凸曲折的投影在蕩漾的水面，令人動容。更為古蹟與經濟發展共榮創造了最佳典範。

話說新竹縣關西鎮不僅曾在清朝末年創下台灣墾拓史上，罕見由原住民與客家人攜手開發的成功案例。也是全台排名第一的「長壽之鄉」，自日據時期至今，八十歲以上人口始終維持千人以上，今天百歲人瑞且高達十一人，九十歲以上的老人家也將近二百五十人。

由於民風純樸，關西至今仍保留眾多傳統客家傳統聚落，如建於一七〇〇年、至今仍保留完好的古蹟「范家古厝」，坐落明德路的傳統四合院「鄭氏家祠」、北斗里的「羅家祠堂」，以及已有近百年歷史、橫屋牆面書劍繪畫甚為可觀的「弘農堂」。而坐落上南片的豫章堂，規模完備而形制完整，更令人驚艷。

好山好水的關西，更是早年台灣茶外銷鼎盛時期最重要的產製重鎮，勤勞儉樸的客家人在氣候溼暖的紅土上種植茶葉，至今也有百餘年歷史了。早先以紅茶與綠茶為大宗，至六〇年代後產製的烏龍茶或東方美人茶，甚或由李登輝前總統親自命名的「六福茶」等，都曾是外銷市場的寵兒。可惜八〇年代以後，市場結構從外銷轉為內銷，加上國人多偏愛高山茶等

關西坪林一號的楊家古厝「弘農堂」（水彩 54×78.5cm/2003）。

因素，使得關西茶業由炫燦歸於平淡，茶園從四千三百公頃大幅萎縮至今日的二百公頃，原本茶香飄搖的丘陵幾乎被大型主題樂園或高爾夫球場所鯨吞，茶廠也從三十五家驟減至六家。

所幸今天關西仍保留了兩家近八十歲的老茶廠，繼續在歷史的洪流與環境的變遷之中，逐漸轉型為兼具茶葉產製與觀光休閒的文化產業，見證台灣茶葉外銷曾有的輝煌。那就是成立於一九三七年的「台灣紅茶公司」，與一九三六年創立的「錦泰茶廠」。

乍聽之下彷彿官股事業的台灣紅茶公司，其實是關西羅家所創的本土私營企業，前身為日據時期的「台灣紅茶株式會社」，今天除了持續每年生產十萬斤以上的銷外，也完整保留了當年的紅磚廠房，屹立在車水馬龍的中山路與老街之間，名列新竹縣歷史建築十景之一。

由於大環境的急遽變遷，茶菁供應量嚴重不足，使得大型茶廠盛況不再，台灣紅茶公司於二〇〇四年，將閒置的部分木造廠房與倉庫改為「茶葉文化館」，將舊有的製茶機具、包裝、茶箱、賞狀，以及外銷噴字的鐵皮嘜頭等文物，配合老照片與相關文史資料作完整的展示。

而屹立關西牛欄河親水公園南畔，比台灣紅茶公司更早一年成立的錦泰茶廠，目前傳承至第三代的羅吉銓說，一九三六年祖父羅景堂以一介茶農，憑著無比的毅力與勇氣，於關西中山路上創立茶廠，開張後第四年就榮獲新竹郡聯合茶品評會紅茶二等賞，受到日本洋行等激賞，從此開啟紅茶外銷的風光歲月，一九五五年更擴大規模遷址於中豐路現址迄今。

儘管已成功轉型為觀光茶廠，廠房也挪出部分空間成立茶葉歷史文物館，錦泰茶廠的生產線卻從未停歇，除了紅茶、綠茶外，碳焙烏龍茶、老柚茶與茶油也是近年深受青睞的主力產品。

原載於二〇一三年四月《鄉間小路》雜誌

# 紀州庵文學茶館

驟雨稍歇，連日來被擠壓得喘不過氣的晦澀天空，午后總算鮮活地甦醒起來，露出難得的笑靨。淡淡的陽光正透過寬闊的大格窗子射向桌面，在沙漏流向三分之一刻度的瞬間，老作家正舉起燒水壺用沸水沖出陣陣茶香，帶著阿里山霧嵐滋潤的山林之氣，盡情融入周遭濃密的書香之中。

這是台北最新一處風景，也是台北愛茶人同時擁抱書香與茶香的最新地標；甫開幕的紀州庵文學森林新館與古樹旁的古蹟舊館，綠意環抱愜意空間，從今天起，正式以古典與現代交錯、書香與茶香共舞的氛圍，迎接所有的文學人與愛茶人。

紀州庵可不是尼姑庵，在一九一七年的日據時期，她可是最受日本人喜愛的水岸休憩區「川端町」內，由日本平松家族經營的著名料理屋，座落台北城南、新店溪畔（今天的同安街底、水源路旁）。當時聚集了許多料理屋、茶館、藝伎館，吸引不少日人在此宴客飲酒，不僅深受日本高階軍官喜愛，由於距離南機場頗近，二戰末期也曾作為神風特攻隊受賜天皇御酒的所在。

追想半世紀前的文學風光：日本著名現代詩人北原白秋於一九三四年訪台時，曾在紀州庵接受台北鄉土歌謠研究會「若草會」招待晚餐。戰後由省府接管為公家宿舍，六〇年代逐漸轉化為現代文學重鎮，以紀州庵為中心延伸至廈門街、牯嶺街一帶，文學報刊及出版社林立，孕育出林海音、余光中等多位現代文學作家，而爾雅、洪範、純文學等出版社也不約而同設立於此。其中小說家王文興還曾定居於紀州庵，著名小說《家變》就是以此處為背景撰寫，可說文學氛圍十足。

因此紀州庵於二〇〇四年被台北市政府指定為市定古蹟，就特別將此地規劃為「台北文

學森林」，園區分為四個部份，分別是紀州庵本館、紀州庵新館、公園綠地與停車場。可惜因屋旁的離舍還有住戶不願遷離，因此古蹟重建工作一拖再拖。反倒是隸屬財團法人台灣文學發展基金會下的《文訊》雜誌社，已於二〇一一年六月與台北市文化局完成簽約，接手紀州庵新館的營運。

由《文訊》雜誌接手後，除了一樓大廳不定期推出各種文學展、二樓演講廳與三樓教室經常舉辦各種文學講座外，一樓左側且在總編輯封德屏的精心規劃下作為「文學茶館」，嚴選文山包種、木柵鐵觀音、凍頂紅水烏龍、阿里山鄒族手採有機茶、花蓮舞鶴蜜香紅茶，以及紅印內飛普洱茶磚等好茶，讓朋友們在濃濃文學芬多精的薰陶下，看展覽、聽講座、品好茶。

原載於二〇一一年十一月二十七日《人間福報》閱讀版

# 台北最有茶味的歷史建築

老舊的木造窗格輝映著初冬的陽光，將周遭流動的場景細細碎碎剪影在玻璃上。隨著樂師在古箏上舞動雙手，幽雅的旋律緩緩敲扣暖融融的午後，司茶者舉起貼有金箔的「急須」注水，逐一釋放無比的茶香。就在和服盛裝出席的婦人優雅接過白色茶甌的同時，幾位時髦裝扮的年輕女孩快步向前，不斷搖晃反射暖陽的皮褲，以手機捕捉難得的畫面。

很難想像就在台北近郊的山區，日本煎茶道方圓流台灣支部長蔡玉釵，正以麥克風詳細為賓客解說，暫時掩蓋了周邊樹叢發出的啁啾鳥鳴。

愛茶人到台北旅遊，台北市區的紫藤廬茶館、西門鬧區的紅樓，或郊區茶館林立的貓空、九份等地通常都不會錯過。其實台北還有座風味十足的歷史建築，從日據時期的一九二〇年代至光復初期，始終都是官商雲集、人文薈萃且幾乎夜夜笙歌的場所。一九九八年經台北市政府列為古蹟，並於二〇〇八年完整修復後，又成了台北最有「茶」味的地方，吸引全球各地無數的愛茶朋友前往朝聖。

日本方圓流台灣支部長蔡玉釵領銜的煎茶道展演。

這就是座落台北市北投區幽靜的山腰，綠意環抱庭園中的「北投文物館」，前身為日據時期北投最高級的「佳山」溫泉旅館，當時不僅曾做為日本軍官俱樂部，二次世界大戰末期還曾做為神風特攻隊的度假所。國民黨政府遷台後先改為「佳山招待所」，供政府官員度假之用，後來經拍賣成為私人度假別墅，一度還成為拍攝古裝片的場景「古月莊」，之後再改為「台灣民藝文物之家」，保存台灣早期民俗文物。二〇〇一年起在民間與官方的努力下，經過整整五年漫長

北投文物館內的日式禪風枯山水庭園「水葉庭」。

的修復工程，終於在眾人企盼下重現幽雅風華，正式對外開放營運，目前財團法人福祿文化基金會經營管理。

北投文物館是台灣碩果僅存、唯一純木造的二層日式傳統建築。遊客通常在新北投捷運站前方，經泉源路循著蚰蚰蟠蟠的幽雅路蜿蜒而上，穿過兩側櫛比鱗次的溫泉旅店，鱗鱗千瓣的屋瓦在濃蔭深處的山腰就可清楚望見。將車停妥後踏上落葉繽紛點綴的石板小徑，懷舊風情的文物館大門、左側別館「陶然居」與利用地形自然落差所建構的日式庭園，就一一呈現眼前。

副館長洪侃說，文物館室內空間以最傳統的日式「書院造」為主要風格，含在佳山四景、五景、六景的「洋室遠眺丹鳳山、書院之格、結廬人間」之中，包括由禪宗僧房佛龕發展而來，擺設書畫、卷軸與藝品的「床之間」；陳列小品的「違棚」，以及不斷有陽光透過紙窗灑落的凸窗空間「付書院」等。前棟與後棟南側為傳統和室，後棟南側臨浴室旁為洋室。至於原有的佳山三景「凝脂玉露」，七座浴池也特別保留一間，以北投窯燒製的十三溝磁磚堆砌、罕見的凸出地面大浴槽，供現代人緬懷當年的盛況。

其實北投文物館共有「佳山八景」，一景即廊道之間設置的日式禪風庭園「枯山水」，所謂「心澄別有天」，包括方形的水葉庭及長形的澄心庭。洪侃兄告訴我，傳統日式庭園造景原本多以大石象徵山、海島或船隻，白色的小細石則象徵海洋或河流。但文物館的枯山水卻加入了大量台灣特有的植物造景，營造出富饒的寶島與海洋澎湃且不失幽雅的意境，令人激賞。而二景「屈坐平看」指的則是日式建築特別強調水平的觀看角度，最能呼應室內設計的窗景。

為了發揮日式建築的茶室功能，館方還特別邀請日本裏千家茶道的關宗貴教授，每週舉辦日本抹茶道培訓，在細膩的日式古蹟空間內，體驗日本茶道宗師千利修傳承的「和、敬、清、寂」意境，並領會「本來無一物，無一物中無盡藏」的禪意。

原載於二〇一二年十二月號《海峽茶道》

竹里館寬闊的視野與流暢的格局動線。

# 明月相照竹里館

唐朝大詩人王維有首詩〈竹里館〉：「獨坐幽篁裡，彈琴復長嘯；深林人不知，明月來相照。」以彈琴長嘯反襯月夜竹林的幽靜，以明月光影對映深林的昏暗，看似平淡的寫景，多少也隱喻了在落寞中不懷憂喪志的豁然心境。

從台北市西華飯店後方的「竹里館」茶館大放異彩，到松江路「禪風茶趣」茶餐廳融合茶與美食的繽紛，力拚茶文創商機的黃浩然一路走來，不也正是「深林人不知，明月來相照」意境的最佳寫照嗎？

只因為愛上茶，十七年前決定放棄原本收入頗豐的工程事業，投身茶文化的同時，台灣茶藝館正急遽衰退，茶藝開始走向家庭。黃浩然依然大膽「撩落去」，希望一手打造的茶藝館不僅作為品茗的場所，也可以是發揚茶文化的藝廊，更是對文化傳遞與研究的堅持吧？儘管市場當時走向沒落與沉寂，也希望將危機化為轉機，開創茶文化新契機，並達到茶學藝術提升的境界。

竹里館茶館於焉誕生在一九九六年，很快就成了台北品茶最美麗的驚嘆號，更成了日本觀光客不遠千里慕名而來的朝聖首選。除了與愛妻細心規劃的建築與擺設，門外棚架以翠綠的植物遮蔭，綠竹、花草，石階小徑、原木茶桌等共構的前庭，淡淡的竹香在空氣中飄送。搭配館內燈光與茶香共舞、書畫與茶器和鳴的氛圍走向，無處不散發出一股和靜清寂的茶風禪韻。

不過，竹里館的定位並不侷限於茶館，黃浩然說品好茶、焙製精緻茶品、推廣有機茶，原本就是竹里館成立的最根本理念，因此大門口以「台北製茶所」作為燈箱標示，而不強調茶館的屬性。黃浩然除了推廣茶藝也深入鑽研茶葉，每一款茶品都親自烘焙，取得優質茶葉的最大公約數，並從焙茶的過程中了解每一款茶品的特性，將茶葉焙出花香、果香、蜜香等不同香氣。除了不定期在館內進行焙茶作業，與來客共同分享他的心得，在茶葉烘焙瀰漫的淡雅花香或果香中，更能感受竹里館推動茶文化的用心。

經過十七年的用心經營，竹里館今天不僅已走向品牌推廣導向，更拓展為「茶文化創意學院」，經營項目包括茶教學、茶文化（茶山小旅行、茶與音樂饗宴等）、茶文創（茶具、茶器設計訂製；茶境空間、美學設計、茶文創商品等）、茶創業、茶與禪、茶與食（有機茶品賞、茶葉料理等）。其中茶教學不僅有中文解說，還製作了日文版本，讓日籍旅客能從中了解台灣茶道精神。

為了不讓餐食油煙影響館內的自然芬芳，竹里館從二〇〇八年七月開始不再提供餐點，單純地作為品茶、製茶的文化中心。茶餐美食則移至竹里館松江店「禪風茶趣」，在簡潔深邃的東方建築美學中，將中國茶道精神重新演繹，並將傳統茶藝文化注入現代飲食，享受以茶為主題的「天然、原味、養身、環保」的新美食主義。

一般對中式餐廳的印象往往是人聲鼎沸、熱鬧而吵雜，黃浩然卻將茶藝館幽雅恬靜的風格注入，即便在高朋滿座的時段，賓客也會不自覺放低音量，融入悠閒雅致的空間中，感受傳統人文茶藝精神，愉悅地享受現代珍饌美食，這是步入「禪風茶趣」用餐時的第一個感覺。黃浩然將餐廳定位為茶文化美食饗堂，細心營造的氛圍也貼切至無懈可擊的境界。

茶藝館與餐廳兩種風格交融的空間設計，散發禪風雅致的沉穩內斂風格，不難發現主人

竹里館對各個茶席的擺設都極為講究。

黃浩然的巧思：將巴洛克式拱門與中國式木製大圓桌，透過一幅幅書畫、一扇扇窗花、一只只緹花燈籠，甚至多寶格內的茶具，或茶品展售檯面的銜接與排列組合，古色古香的東方建築美學，瞬間轉化為茶文化氣息濃厚的現代大型餐廳。

定位為茶餐廳，自然要有多元繽紛的茶葉料理，黃浩然強調以茶入饌，卻遠非一般直接將茶葉置於菜餚之上的單純點綴，而是將每一道茶品的風味，透過不斷的

禪風茶趣標榜東方建築美學，每一個細節都悉心規劃。

嘗試，將茶葉的滋味完全融入美食內的細微處理，因此不僅風味特殊且格外爽口。

對茶葉的專精深入，使得黃浩然融入佳餚的茶品涵蓋了五大茶類，包括綠茶類的龍井、青茶類的凍頂烏龍與包種、白茶類的白牡丹、黑茶類的普洱、紅茶類的滇紅等。根據茶的特性，配合適當的食材，透過不同的烹調方式，讓兩者各領風騷、相互輝映。如龍井蝦仁、佛手燻魚、包種燒鮮魚、紅茶玉串、普洱東坡肉、烏龍椒麻雞等，沁入茶香後的美味入口不僅不油膩，飽足的感覺也讓體內毫無負擔，可說是真正的冶茶、冶食了。

我特別喜歡「白毫玉葉雞米」這道色、香、味俱全的美食：將剁碎的雞肉加上口感較嫩的切段小蘆筍，連同一般人難得品嚐的白牡丹茶炒後，再將蘿蔓萵苣剝下「修剪」成茶葉狀作為襯底，完美的構圖就已讓人食指大動，包覆起來入口帶著酥軟的嚼勁，一起在唇齒舌尖瞬間爆發的愉悅快感，更是讓我回味再三。

原載於二〇一三年八月號《獨家報導》

# 極簡中的圓滿自在

「偷得浮生半日閒」坐在茶桌前悠然自得地泡一壺好茶，本是寫作與繪畫或工作之餘的最大享受。不過自從一頭栽進茶文化無限寬廣深邃的領域後，不斷地品茶、試茶竟成了每天必修的功課，因此茶器的選擇與氛圍的搭配也越發顯得格外重要了。

大概沒有哪一個茶人能想像這樣的茶盤吧？極簡的造型，色彩卻異常飽滿強烈，彷彿高溫焠煉的銅紅挹翠紋釉，在中國古老的宮廷中窯變為現代感十足

的抽象風，與一般常見樸拙單調的竹製茶盤大異其趣。

不過茶盤的材質卻是台灣檜木而非陶板，想必更讓茶友感到意外吧？緣於日前將「茶盤的詩情與畫意」圖文發表後，茶友與藝文界友人反應出乎意料地異常熱烈，也有更多的好友質疑「這麼漂亮的木刻彩繪茶盤，捨得用嗎？」

因此特別再鋸一塊稍小的檜木，鑿出橢圓的弧狀凹槽做為置壺，並大膽採用市售的油漆，以油畫筆恣意揮灑流動的活水意象，亮麗的彩紋也適度營造了陶釉的效果。

完成後的茶盤配上映雪山房的朱泥壺，用來沖泡來自花蓮的柚香茶，或者金琥珀色豪邁奔放的東方美人，極簡中仍能感受圓滿自在的愜意與氛圍，於是乎，阿亮又竊喜了一次。

# 黑白變彩色的茶則人生

記得早年有個電視廣告說：「肝若不好，人生是黑白的；肝若顧好，人生是彩色的。」從茶藝出發，投入竹雕創作的李國平，從早年為保留竹器本色，而清一色使用透明大漆雕塗的極簡茶則，蛻變至今日以繽紛色彩創作出令人耳目一新的茶則，其中的轉折引人好奇。

話說李國平跟隨茶藝名家李曙韻習茶多年，稱得上「人澹如菊」的大弟子，竹雕則習自老吉子鄭添福。但我首次看到他的作品，卻是在麗水街的三古手感坊；當時是二〇〇九年，他剛好結束在人澹如菊台北會所舉辦的首次個展，將壺藝家三古默農收藏訂購的一套茶則、茶匙送抵。儘管只是匆匆一睹，且雕工與創新表現上並無驚人之處，但為竹器茶則塗上層層大漆再拋光的作品，至少在當時的台灣還十分罕見。

所謂大漆，即有別於今日常見做為塗料「熟漆」或工業用漆的「生漆」，或稱天然漆，而漆器茶則早年常見於日本。因此過去曾有段不算短的時間待在日本打工的李國平，在驚艷日本漆器之美返國後，也開始嘗試將大漆應用於茶則創作。

不過，李國平早期對茶則與茶匙的界定，只是作為司茶人「手的延伸」：從取出茶葉經由茶則引渡入壺、並在事後借助茶匙去渣罷了。儘管茶則同時兼具了度量茶葉多寡與賓客賞茶的功能，但他仍堅持在茶席中，茶則僅扮演隱士角色，不能喧賓奪主。因此從取材、修邊、整形、打磨等完成粗胎後，披上層層的透明大漆，也相當符合他一向低調的個性。

國平是一位非常謙虛、卻又比其他人更努力的藝術家，早在我撰寫《台灣茶器》新書時，就想採訪國平，談談他的竹雕茶則，他卻惶恐地推辭說自己尚未成氣候而婉拒，讓我頗感意外。

又如兩年前，東北鍋補名家王老邪應人澹如菊之邀來台傳習技藝，作為人澹如菊的大弟子，李國平不僅負責所有的接送行程，也始終隨侍在側。緊密且頻繁接觸的結果，使得李國平無論在課堂聽講或課餘言談之間，都能完整汲取並盡得王老邪的真傳。旅居景德鎮的台灣陶藝名家劉欽瑩，多年前送我的燒水壺壺扭不慎斷裂多年，請國平取回鍋補，順便考驗他的功力。果然不似其他學員僅得皮毛，國平居然直接從壺扭中心穿洞植入金屬軸心，再以鍋釘補強，外觀或強韌度都堪稱無懈可擊了。

其實漆藝早在中國魏晉南北朝時代就已蓬勃發展，浙江余姚河姆渡出土的朱漆碗甚至已有七千年的歷史。千百年後的今天，福州漆器與現代衍生的漆畫都有可觀的成就。二〇一一

年初，我受邀至中國福建省美術館，與周榕清共同舉辦「近看兩岸之美」雙人展，任教於福建閩江學院的周榕清教授就是福建知名的大漆藝術家，創作的脫胎漆器與漆畫不僅在拍賣市場屢創高價，也受邀在北京清華大學以漆畫作為訪問學者。儘管他不玩陶，卻也做了不少漆器茶盤，頗受當地茶人的喜愛。

今年春天，當我對國平的茶則創作還停留在本色竹器印象時，我與周榕清應國平之邀，前往好友阿敏在日月潭伊達邵開設的「澄園」民宿旅館度假，一樓大廳琳瑯滿目的茶具櫃中，數枚色彩繽紛的竹器茶則赫然在列，不僅已有各種紋樣成就光亮絢麗的美感，或曲或直的線條也更具張力。其中有經由變塗加上金箔、玉片、葉脈等紋飾，也有抛光研磨後的華麗斑燦，讓我頗有「士別三日，刮目相看」的驚嘆。

以作品「蝴蝶扣」為例，國平顛覆了傳統日本漆藝茶則的內斂色澤，而大膽採用了艷紅作為底色，在紅與黑交融的光影中，呈現沒有藩籬的朦朧卻又和諧的氛圍；適時飛來的蝴蝶則以蛋殼鑲嵌拼貼，彷彿虹的弓劃過早春的暖陽，細細剪輯著古典與現代交織的神秘輪廓。整體飽含了東方禪趣的人文精神，又不失鮮明的台灣意象。舉手試用，無論賞茶或渡茶都十分順手，讓漆藝名家榕清也頗為稱許。

國平告訴我，漆藝茶則的創作必須專注投入，從材料本身皮殼的變化來掌握線條美感，過程中不斷反覆拿捏撫握，從竹器原本的個性出發，繁瑣的過程包括變塗、貼付或鑲嵌、研磨、推光等。讓樸實君子之風的竹與冷凝華麗的漆在茶器上款款對話，不僅在現代感強烈的色彩下，爆發濃郁優雅的中國古風，也為茶席注入了全新的創作活水。

近年茶則創作逐漸受到茶人的重視，尤其在藝術家如翁明川、翁偉翔等紛紛投入，並提出「賞茶則」的概念後，茶則不再是茶席中附屬的隱誨角色，而以大氣之姿左右茶席的成敗。李國平從黑白到彩色的茶則人生，不也是一樣嗎？

原載於二〇一三年八月十三日《人間福報》副刊

# 烈火共舞岩礦極致

如虹的弓拉開優美的弧線，四平八穩的提樑彎身向茶致上最虔敬的感動；飽滿的壺身則以藍色星空點綴火紅的櫻花，壺嘴流暢的出水在燈光下輝映一旁茶海的繽紛。隨手拎來一只茶杯，青綠的斑燦沿著朦朧的煙白爬升，在杯緣開啟另一個漂亮的驚嘆號，將作為背景的大筆行草都燃燒了起來。

那是三古默農最新的茶器創作，作為台灣第一家岩礦壺展覽館，麗水街的「三古手感坊」儘管經常擠滿了

三古默農的岩礦提樑壺組創作。

慕名而來的國際友人，主人卻能怡然自得地在一隅拉胚、泡茶、插花或勤練書法，不斷將多元風貌注入創作，近日又將與他亦師亦友的鄧丁壽舉辦聯展，為原本就充滿文化氣息的永康商圈更添亮點。

而長年隱居在南投鹿谷創作不懈的鄧丁壽，早在二十年前就以「虹吸原理」大膽顛覆茶壺三點金傳統格局、成就下方出水的「古逸壺」紅遍對岸；還曾風光受邀前往中國北京展出，驚動當時的海協會副秘書長唐樹備剪綵站台。九二一大地震後以鐵皮屋重建工作室，大量採集各種岩礦入陶創作並廣收弟子，因緣際會成就今天紅遍兩岸的台灣岩礦茶器。

曾在國內各大媒體擔任攝影記者長達十八年的三古默農，面對各種社會層面與人生百態，常有異於常人的觀察與領悟，從新聞工作者到壺藝家的心境轉折，讓他更能以悲天憫人的胸懷積極投入創作，作品具有強烈的原創性。例如家中飼養的台灣土狗「阿默」，就經常作為他創作壺把的靈感來源，簡約的形塑與肌理分明的筆觸呼之欲出，將旺盛的生命力表露無遺。

堪稱台灣岩礦壺原創家的鄧丁壽，創作結構的嚴謹令人驚異：每一把壺都經過縝密的設計，從靈感的注入到手繪草圖，至拉胚、塑型、拍打、用釉、投窯，每一個過程都一絲不苟，烈火焠煉的作品從出水、斷水、握持，到壺蓋與壺身的密合度等都無懈可擊。

鄧丁壽的台灣岩礦壺作品。

難能可貴的是，鄧丁壽從不停滯或滿足於現狀，除了造型不斷求新求變，永遠帶給觀者新的驚喜，更不斷嘗試加入各種元素或材料，不僅使作品更具藝術美感與實用性，也將台灣各種岩礦的不同特色發揮至極致。例如他首創以金水融入創作，使台灣茶器更上層樓，還引來其他人的紛紛仿效。或不惜以珍貴的璧璽、紅寶石等加入岩礦與陶土，所成就的茶壺造型律動飽滿，發出的強勁生命之氣，以及粗中更見細膩的筆觸，將茶氣與韻味作最高境界的結合演出；而兼容並蓄的格局與貴氣逼人的霸氣，更堪稱當代的壺藝經典。

即便同一組作品，鄧丁壽的岩礦茶器變化也明顯呈現在每一個細節，從壺身、提把、壺嘴到壺蓋、壺鈕，豐富的意象與開創性往往超出想像，例如他會在茶杯中心隆起一座黃金山丘，讓紅濃明亮的茶湯環抱輝煌如潮起潮落般浮沉，寓意深遠。或將傳統中國的吉祥獸，無論龍或貔貅等繁複具象，以無比大氣的意象幻化為堅緻如金的壺把。他也喜歡以隸書轉化而來的「丁壽體」在茶器上題字，如壺口的「此壺最相思」，或茶倉口緣的「非茶不藏」等，饒負趣味。

而三古默農儘管近年遭遇重大打擊，長年抄讀《金剛經》的領悟，讓他依然能以樂觀、前衛且奔放的巧思創作，不受羈絆地悠遊於無限寬廣的領域。除了造型與質感，色彩飽滿的獨到表現，在岩礦家族中更無人能及。且不同於常見的化學釉料，默農始終堅持以陽明山櫻花樹灰、竹子湖劍竹灰、茶灰等各種自然元素，調配而成的天然美麗色釉來融入作品，彷彿藍寶石般優雅的璀璨注入肌理分明的壺身，充分展現力與美、線條與色彩多元的豐姿熟韻。

默農近年勤練書法，也巧妙地刻寫運用於茶器之上，例如已故書法家于右任最喜愛的「道似行雲流水、德如甘露和風」、「賢者處世能三省，君子立身有九思」等對句，他也運筆行草揮灑在口緣或壺蓋上，恰如其份地為繽紛活潑的意象再加分。

原載於二〇一三年十月八日《人間福報》副刊

# 卷三

## 馬背的下午茶

紅色阿比西利亞（油畫 53x65cm/2005）

# 紅色阿比西利亞

臀部翹得高高，弓起肥肥大腿與地面相切成直角，一副不容他人置喙的權威模樣，這是我家阿比西利亞貓的招牌姿勢。每當吃飽睡足，牠就會悠然自得地在窗台或陽台或電腦桌上，擺出這樣的架勢與我對望，看來慵懶卻又自信十足，令人忍俊不禁。

招牌臥姿的養成應該具有品種上的先天因素吧？阿比西利亞的先祖據說源自古代埃及，四千多年前曾被古埃及人崇拜並製成木乃伊，也曾在「貓狗大戰」電影中，化身為遠古時期統治人類的主宰。因此儘管喜歡與我親近，卻又不甘於做個人類懷中的乖乖寵物，適度地保持距離以維護牠高傲血統的尊嚴，確是無可厚非。

阿比貓向以幽雅輕盈的苗條體態著稱，身子瘦長而靈巧，因此被我寵得稍嫌肥胖的「吉諾」就成了阿比族群中的罕見異數。儘管一樣擁有飽富彈性的刺豚鼠色背毛，以及比一般貓族稍長的大耳朵，杏仁狀的大眼睛加上豐富的表情，絕對稱得上帥哥無疑。

不過，決定用牠做為油畫新作的主角卻不太容易；彷彿早已洞悉我的陰謀，每當我取出紙筆，牠就成了不斷跳躍攀爬的過動兒，迅速潛藏穿梭在陽台擁擠的盆景之間，只露出褐色至黑色漸層豎起的長長尾巴，在花叢頂端來回晃動。即便累了也執意躲在沙發的縫隙間窺望，讓我無法下筆。奇怪的是對鏡頭則毫不排斥，當我換個方式舉起相機，牠就會挺身擺出十足的明星架勢，任我怎樣取景都不動如山。只是原本金色與銅色相間的眼睛，用閃光燈拍攝時，瞳孔反射的怪異綠色光芒，卻始終讓我無法正確捕捉。

總算將雜亂的多張素描與照片彙整完成，在二十號的畫布上打好底稿，愛玫瑰成痴的古典玫瑰園主人黃騰輝適時來訪；在畫架前凝視良久後，同時兼具正統英國茶代言人與畫家身分，且向以用色大膽狂野著稱的他忽然提出建議：「何不用紅色作為貓的色彩？」儘管感到

英式下午茶著稱的古典玫瑰園總會擺上一盆新鮮的
玫瑰花與黃騰輝的玫瑰畫。

錯愕，長久以來始終為憂鬱症所苦的我，這樣的建議竟像忽然甦醒的未爆彈，轟然開啟我沉悒多時的心鎖。

的確，在以淡淡地中海藍調和些許金褐色為主調的背景上，自信滿滿的阿比西利亞貓，與其忠於本色而抹上憂鬱的土黃，不如大膽採用毫不相干的艷紅要來得更加強烈與生氣吧？舉起畫刀，我特別用常見於婚宴或廟宇的台灣紅，毫不猶豫地為貓披上火豔的被毛。至於那對睥睨自雄的貓眼，則是勉強用左手將牠挾在懷中，右手快速調色運筆所完成。

西斜的陽光照出周圍天空雲層的濃密，孔雀藍的海面像發皺的被單，對映斑剝的石牆與密封的酒甕，那原是馬祖牛角聚落的一隅。置身在這樣祥和的風景時空，彷彿多年前受邀前往拍攝黑嘴端鳳頭燕鷗，坐在花岡岩構築的石頭屋內，悠閒地享受東方地中海的下午茶時光。我家吉諾以燃燒的玫瑰之姿穿越時空，喵叫聲悠然響擊耳膜，多少也承襲了我早年超現實的一貫畫風吧？我不禁竊喜了起來，原有的抑鬱頓時一掃而空。

我想起日本近代文學大師夏目漱石的名著《我是貓》，書中貓主角曾對主人將牠「淺灰帶黃」的毛色畫得不黑不褐，感到「極端可笑」。畫作完成時，吉諾也用牠慣有的招牌姿勢，斜著琥珀大眼對著我，應是在訕笑主人莫名的色盲吧？

原載於二〇〇五年十一月十三日《聯合報》副刊

# 馬背的下午茶

天蹋下來
還有馬背頂著
氣定神閒的貓
透過網路
與遠方的愛侶
共品浪漫的
下午茶
2006

馬背的下午茶
（木刻彩繪綜合媒材
26.5×70 cm/2006）

經由當地文史工作者的推薦，我曾有兩次機緣住宿在金門后湖的「金馬玉堂」，那是一座閩南式三合院古厝修繕而來的民宿，名稱則直接沿襲了門額上傳承的堂號。儘管經過多年砲火的蹂躪，以及多次的整修；內部也適度添置了現代化衛浴與空調，但今天外觀依然完整保留了當年的大致風貌，主人也極其用心經營與維護著。置身在雕樑畫棟環繞的古典空間，還可利用主人提供的無限網路隨時與遠方的友人對話，感受時光悠遊穿梭古今的奇妙氛圍。

我特別喜歡古厝左側護龍的馬背，渾厚的造型配上下方簡單的花朵圖案，展現早年富貴人家雍容大度的風範；彷彿天塌下來還有它頂著，無比的篤定與踏實感油然而生。馬背上方經常還有台灣罕見的鳥類駐足，如頭戴頂冠的戴勝、藍黑色相互輝映的鵲鴝等，牠們啁啾地在雕花壁飾與重簷之間游棲，幽雅的身段為馬背飽滿的弧線更添風韻，也讓不及跳上嬉耍的貓兒急得下顎猛打顫。

尤其初冬薄日的午後，搬來桌椅安坐馬背下方，面對寬廣的禾埕，取出茶具沖泡一壺東方美人，極簡的茶席自然成於天地之間，讓熱騰騰的茶香瀰漫周遭，享受在台北難有的慵懶時光。或打開手提電腦逐一檢視白天拍攝的成果，感覺最愜意不過。

主人似乎也有同樣的想法，他把經核准的民宿招牌掛在交錯斜砌的磚牆上，以側門迎接賓客，反而沒有人在意正廳的出入了。

天蹋下來
還有馬背頂著
貓氣定神閒
在慵懶的午后
透過無限網路
與遠方的愛侶
共品浪漫香醇
的下午茶

不過今夏再度前往，偌大的古厝卻遍尋不得，原來禾埕上不知什麼時候多了一座鐵皮屋，臃腫醜陋的身軀毫不客氣地塞滿了每一個角落，阻隔了所有的陽光與視線，僅保留了不到六十公分的狹窄通道，拖著大型行李箱的遠道旅人必須側身才能勉強出入。唯一還能自在進出的，大概只剩下隔壁頻繁串門的肥貓了。

馬背不見了，投宿的旅人自然改由大門進出，儘管迎賓的魚鱗狀地磚十分討喜，左右支摘的琉璃彩釉且更見貴氣，但總像少了原有的那一份悠閒恬靜。據說曾有熟客不經意提起馬背下的美好時光，往往會換來一陣錯愕，「有嗎？」滿臉的狐疑讓主人感到格外鼻酸，他說原本禾埕係鄰居所有，彼此早有心結，因此不敢也無權置喙。逆來順受在當地似乎早已成了一種習性，不知是否與兵燹或軍管的長期壓抑有關。

金門是閩南式古厝與巴洛克洋樓聚落最多且完整的古城，豐富的人文資源更不在雲南麗江古城之下；加上連年烽火所留下的碉堡坑道奇景，稍加用心應不難爭取為世界文化遺產。如今卻隨處可見雜亂無章的鐵皮違建，並持續增加中，令人扼腕；縣政府該管一管了。

原載於二〇〇六年十一月十日《中國時報》副刊

# 貓們的下午茶

以擁有一堆漂亮貓咪而馳名的某家茶館打算歇業，在網路上發佈了貓們要送人認養的消息。

我家原本就有隻紅色阿比西利亞，從兩個月大抱回至今，也有三歲左右了。作為埃及神話中，曾經主宰人類命運的帝王血統後裔，以及我畫作中經常出現的主角，儘管早已結紮，在家中擁有至高無上的地位。有時我也不免突發奇想，假如為牠找個玩伴，不僅可以讓牠更快樂，我的貓畫也將因新成員的加入而更為豐富熱鬧吧？

趕緊翻閱網上琳瑯滿目的貓族照片，有藍貓、美國短毛貓、折耳貓等，約莫十來隻，模樣都討人喜愛，看了也不免心動。其實我一直想畫藍色的貓，尤其在知道相簿上活潑呈現的藍貓，並非原生種的俄羅斯藍貓，而係蘇格蘭折耳貓與暹邏貓交配所生，體型特徵為渾圓身軀、長毛、大臉、金琥珀眼的灰藍貓，更令我感到好奇與驚喜。

將照片放大仔細端詳，傳統上認知的純種俄羅斯藍貓，所具備的修長苗條、短毛、翠綠

色杏眼、銀藍色鼻端等特徵，與相簿上的灰藍貓明顯迥異，只是二者都有銀色光澤的藍色被毛罷了。不過資料也顯示，原產於俄國北部阿契安吉港的俄羅斯藍貓，係因後來與暹邏貓交配，才逐漸形成今天的纖細體型，兩者多少也有相近之處吧？擁有豐滿體態的後者顯然更讓我心動，且更迫不急待想要將之入畫；因此立即就打電話過去。

女主人問明來意與養貓動機後，原本慨然答應將其中約莫一歲左右的藍色公貓「灰灰」割愛。但次日卻接獲另一位股東來電，說只願意讓出其他貓咪，作為鎮店之寶的三隻藍貓則不在認養之列。

其他貓咪並非不好，而是年紀都太大了，怕我家當慣山大王的「吉諾」無法接

受，只好宣告放棄。儘管如此，我仍阿Q的表示：「喜歡並不一定要擁有。」在徵得對方同意之後，帶著相機、紙筆與我家愛貓前往，讓貓們聚會，也一圓我的畫藍貓夢。

出乎意料的是，看到餐桌上、椅背下、置物櫃、吧台間，或慵懶坐臥、或悠然漫步，充分表達善意的紳士淑女諸貓，我家吉諾居然野性大發，不僅不願融入貓群，還張牙舞爪地向所有在場貓兒宣戰，對於頻頻舉起相機拍攝藍貓的我，更是不尋常地發出極度不爽的叫聲。

貓們的下午茶就在紊亂與無序中草草收場，女主人費心調煮的咖啡也無法細細品味。所幸混戰中我仍滿足地攝得了數百張貓照，也為藍貓各種模樣表情作簡單速寫。只是急於逃離現場的吉諾，卻在上車後發出前所未聞的嘶吼，拒絕安撫也不願接受擁抱，回家後且與我冷戰數天才作罷，讓我大感困惑與不解。

將情況告知獸醫，他大笑說貓咪的防衛性極強，除了戀家也黏主人；尤其天生具有強烈自我個性的阿比，對陌生環境的排斥心更強，才會有如此激烈的反應。尚未做好心理輔導前，類似的貓咪聚會應盡量避免才是。

接下來要畫藍貓，顯然還必須躲躲藏藏才行。至少畫作完成以前，不能再讓我家吉諾瞧見才是。

原載於二〇〇七年八月十一日《中國時報》副刊

戈壁大沙漠上的茶花貓。

# 沙漠小仲馬的茶花貓

前往蒙古共和國採訪「那達慕節」，足跡從首都烏蘭巴托開始，踏遍了特勒熱吉、安得朵夫、哈斯台、胡根汗，以及成吉思汗橫跨歐亞大帝國建立的故都「哈拉爾林」、戈壁大沙漠上的綠洲城市「賽音山達」等地，也帶回了數千張珍貴的照片。

消失在中國秋海棠地圖上的「外蒙」，地廣人稀的蒙古國，除了在首都還有現代化的酒店可以居住外，幾乎每天都睡蒙古包、喝馬奶茶、大口吃羊肉，張開眼睛看到的不是沙漠就是一望無際的大草原。

與中國新疆、青海一帶的牧民生活大致相仿，蒙古人以牛羊肉為主食，能去除腥羶油膩的茶葉乃成了必備飲品，應該是來自中國黑茶類的茯磚茶或黑磚茶吧？且多半加入馬奶製成奶茶飲用，類似藏區常見的酥油茶經常可見成吉思汗的子民專心擠著馬奶。

將近一個月的時間，讓我感到極度納悶的是：面積一五六萬平方公里、比台灣五十倍的蒙古國，無論在城市或鄉村，竟然看不到半隻貓的蹤影。放眼望去，成群放牧的牛羊、馬群甚至駱駝群，當然也有擔任警戒及放牧的狗們，以及雞、鴨、豬們的身影，就是沒有貓。這可惹惱了我這個愛貓人了。

忍不住向隨行的司機「扁爸」探個究竟，他起先是一愣（大概沒聽過貓這種動物吧？）想了半天，居然哈哈大笑了起來。原來蒙古人是最典型的游牧民族，每天逐草而居，那邊草原茂盛就帶著蒙古包舉家遷徙，所有牲口都跟著移動。而貓是一種很戀家、不隨便遷徙的動物，當然不在蒙古人的圈養之列了。

就在返台的前兩天，在戈壁大沙漠看完史前留下的恐龍化石後，我們就近在一處育有大批駱駝的人家用餐。奇蹟出現了，豎立著一根根拴馬柱的滾滾黃沙上，十來匹馬居然讓一隻花貓驅趕集中至某一處，馬群溫馴地聽從貓的指揮，貓則在任務完成後大剌剌地躺在黃沙上，露出紅紅舌頭吐著大氣休息。更讓我驚訝的是，主人端上讓牠解渴的居然是一碗馬奶茶。

主人告訴我，方圓數千里內，他應該是唯一養貓的游牧人了，「千山我獨行」的貓擔任

蒙古大草原上經常可見成吉思汗的子民專心擠著馬奶。

「牧馬貓」一點也不輸給牧羊犬吧?正如《西遊記》裡的孫悟空,在尚未自封「齊天大聖」之前,不也當過「弼馬溫」的官職嗎?我忽然想起小仲馬的文學巨擘《茶花女》,儘管兩者毫無關連,但諧音卻相去不遠了。果然話題一出,同行的幾位電視台記者都笑彎了腰。

事隔多年,沙漠上的茶花貓仍是我對蒙古最深刻的印象。

大草原上的蒙古包與成群的馬兒。

# 在湯島與少年川端對話

雨持續淅瀝淅瀝地下著，窗外一片白茫茫，垂吊的大圓紙燈溫馨照射屋內，餘光一無聲息地撥開幽暗的角落，將不斷敲打在玻璃窗上的雨滴妝扮得更加清晰。櫥櫃裡留有木尾井基次郎的親筆信函，以及小說原稿上潦草蒼勁的筆跡，因時間久遠而泛出的薰黃，不時透過覆蓋的玻璃反射窗外的閃電。

當代文學大師川端康成與天城山隧道（鋼筆素描/1999）。

在涔涔雨意中造訪「湯川屋」，鱗鱗千瓣的的屋瓦上正浮漾著濕漉漉的流光。位於天城湯島町狹窄蜿蜒的「湯道」旁，樸實幽雅的溫泉旅館二樓，有特地保留的梶井基次郎紀念館。圍著榻榻米上素雅潔淨的矮几盤坐，主人安藤君特別饗以由綠茶、抹茶、玄米混合製成的「玄米茶」，香濃撲鼻的熱茶入喉，帶有些許炭燒風味的玄米在唇齒之間留下令人難以抗拒的無限韻味，聽主人娓娓述說小說家梶井基次郎的軼事，精緻的陶燒茶具捧在手心更覺格外溫暖：

一九二六年，二十六歲的梶井初抵伊豆避寒療病，並前往拜會旅居湯島的川端康成，經由川端的推介而住進了湯川屋，在此一待就是兩年，期間完成了膾炙人口的《暗室之畫卷》、《筧之話》等作品，此後就不知去向，令人深深懷念。庭院中有川端康成親筆書寫的「梶井基次郎文學碑」，鏤刻在青苔已然浮現的暗鬱青石上，面向陰霾的雨中顯得更加孤寂。

假如說伊豆高原聚集了亞洲最密集的博物館及美術館，那麼與眾多作家、詩人、徘人有著深刻淵源的伊豆天城湯島町，無疑是日本的文學家之鄉吧？根

當代文學大師川端康成生前最愛的「河鹿之湯」是典型的河溫泉。

湯島溫泉入口處有「伊豆的踊子」少年與舞孃的塑像。

據「伊豆近代文學博物館」的統計資料，直接居住或間接以伊豆為創作題材的作家即高達近百位之多。包括因歷史小說《敦煌》改編電影而為國人熟知的井上靖；寫作《伊豆的舞孃》、《千羽鶴》而聲名大噪的諾貝爾文學獎得主川端康成；因寫作《天城山奇案》而數度造訪伊豆的推理小說家松本清張；詩人若山牧水、北原白秋，名作家夏目漱石、橫光利一、尾崎士郎、梶井基次郎、谷崎潤一郎、志賀直哉、島崎藤村、宇野千代等；眾多的騷人墨客都曾經不止一次造訪過湯島，留下許多傳誦一時的文學鉅著，因而形成了所謂的「湯島文學」。

彎曲的小路一條接著一條，天城峰看似就在眼前，豈料大雨以迅雷不及掩耳之勢從山腳直逼而來，濃密的杉木林頓時被染成一片白色。

與《伊豆的舞孃》卷首情節相仿，懷著少年川端獨自赴伊豆旅行的心情，我隻身前往中伊豆的天城湯島，天氣自午後開始轉壞。搭乘東海道本線急行電車行經靜岡時，窗外仍清晰可見的富士山，在沼津已變得朦朦朧朧；至三島換乘伊豆箱根鐵道經過伊豆長岡直抵修善寺，迎接我的已是泫然哭泣的天空，驟雨將遠方的風景瞬間掩蓋，什麼也瞧不見。

一九一九年，十九歲的川端康成首次赴伊豆旅行，與行旅賣藝人同道，而激發了寫作《伊豆的踊子（即舞孃）》的靈感，此後有大半時間多在伊豆長期下榻。

為了追隨舞孃，少年「沿途在修善寺溫泉度過一夜、湯島溫泉兩夜，其後又著高高木屐登上山城」，書中的湯島溫泉住宿之處即為「湯本館」，除了玄關牆面上掛有川端的照片及踊子畫像、電影劇照外，二樓至今仍完整保留了川端康成當年所居住的五號房間。僅有四片半榻榻米侷促的室內有早已發黃的手稿，堆滿了川端所有著作的原木書櫃則靜靜安置在靠窗的角落；一塵不染的茶几以微暗的容顏反射門外沉鬱的暮色，貼近屋簷的三兩朵櫻花正輕輕抖落殘留的水珠。

緊鄰狩野川的湯本館，露天風呂與湍瀨澎湃的溪床僅以石壘隔開，周遭並無任何掩蔽，泡在稱作「河鹿之湯」熱呼呼的溫泉裡，沁涼入脾的潺潺流水伸手可及，旁邊擺上一盞熱茶，毫無牽掛地將自己融入大自然美景之中，或許靈感就這樣飛躍而出吧？

河津七瀧的少年與舞孃塑像。

「進入昏暗的隧道，冰冷的水點開始噠噠滴落。往南伊豆的出口在前方微微發亮著。」書中為人們所熟悉的舊天城隧道，始建於明治三十三年（一九〇〇年），位於海拔七百公尺的天城山谷，原為天城至下田的主要通道，直至一九六九年新隧道闢建完成後作廢，一九九八年納入國家保護文物，保留原有的容姿，供每一位旅人細細品味少年川端的遊子情懷。

由於接連幾天的豪雨導致山道崩塌而暫時封閉，我與同行的足立公昭、陳政兩位友人，涉險自新隧道旁的破碎石階攀爬登山，待抵達山頂時早已氣喘吁吁，步入幽暗的隧道，更能感受少年沿途快步追趕舞孃一行的焦灼心情。

湯島溫泉入口處有《伊豆的踊子》少年與舞孃的塑像，沿著本谷川往山裡拾階而下約三公里處，天城密林間有一條氣勢磅礴、洶湧而下的巨瀑，此即伊豆半島最大的「淨蓮瀑布」，瀑底為面積甚廣的玄武岩，在流水長期的沖激與侵蝕之下，石中竟凹成了十米多深的水池。清冽見底的瀑水溢出水池後流向本谷川，澎湃水聲夾雜啁啾鳥鳴，彷彿天籟般雄偉的交響詩令人耳追心隨，久久不能自已。

由於天城山脈隔阻了太平洋的海風，修善寺、天城一帶是伊豆半島唯一能觀賞到紅葉的地區，春天新綠盎然、櫻花怒放，深秋則有楓紅層層與長青松相映成趣。早先舞孃沿著本谷川潺潺流水，為投宿天城的遊子獻藝所走過的彎曲幽靜小徑，即今天從淨蓮瀑布至河津七瀧之間的舊天城街道，當年的風貌大致仍完整保存。獨自漫步在楓樹濃密覆蓋的林蔭之間，彷彿已置身川端康成的小說，在少年微濕的眼珠裡看見依舊多愁的自己。

「我們不止地眺望那朝日，前方河津的兩岸，閃著明亮的砂濱。」懷著與少年川端相仿的心情越過天城山，經河津告別中伊豆，遠眺當初少年與舞孃一行分手的下田港，我知道，該是與數日來相伴導遊的足立夫婦道別的時候了，由於他們的熱情，使我在孤獨的旅程中意外地比少年川端多了一份溫暖，更使我深入發掘中伊豆之美，我深深地感謝著。

原載於一九九九年六月十五日《聯合報》副刊

# 大眼舢舨凳

意外地接到久未聯絡的友人賴君電話，說家中重新裝潢，打算丟棄的家具中有張木製長板凳，想到我經常以廢棄的砧板或洗衣板做為創作媒材，特別先來電問我是否需要。

板凳就這樣被「拯救」了下來。當時我正在淡水河左岸的八里，背著相機沿著渡船碼頭隨意漫步。來自河口的海風，正急切地試圖拂平混濁水面的縐摺波紋，也數度掩蓋手機彼端微弱的發話聲。三兩隻夜鷺適時在眼前掠過，低空閃爍的銀亮白羽吸引了我的注意；其中有隻就停棲在岸邊的漁船上，烏溜的眼睛緊盯著河面，想是伺機

作為戶外茶席之用的大眼舢舨凳（綜合媒材＋連炳龍茶器作品）。

捕魚吧？與船壁漆繪的大眼同時投影在蕩漾的水面，色彩頓時豐富了起來，見獵心喜的我急忙掛上電話，舉起相機捕捉難得的畫面。

我喜歡在淡水河口看船，也經常將它們繪入油畫中。無論碧藍的水面上滿載漁穫歸來的駁船；或成群在岸邊晃呀盪的待機狀態，或仰躺在淺灘上招來大批螃蟹的不動如山。應該是舢舨的一種吧？儘管依照《辭彙》的解釋，舢舨是以竹片編成的小舟，也稱划子或竹筏，其實所有平底的小船都可稱為舢舨，無論竹製或木製、鐵殼，或現代的塑鋼材料等。且不僅全球各地的造型明顯不同，就連台灣北部與中南部都有顯著差異，尤其淡水河下游的淡水、八里、關渡一帶，舢舨的造型與色彩更是獨樹一格，也最具地方特色。

彩繪著朱紅、深綠、蔚藍與寶藍的船身，平口上揚的船頭，以優美弧線連結肚大尾小的船壁，約占主體三分之二的藍色也不再憂鬱，成群或坐或臥集結為一幅幅動人的畫面。每當走進河岸水域，飽滿繽紛的色彩總是沸沸揚揚撲面而來，像血液裡儲存了火熱的陽光，讓人瞬間爆發高昂的情緒。

穿紅戴綠塗抹得花枝招展的舢舨，強烈的對比色彩不僅反映了台灣特有的民間藝術，精準的色彩配置更超越了七〇年代風靡美國的「硬邊畫派」：紅藍並列、紅綠相映，以極簡風格的色塊發揮彩度；沒有陰影，也無空間距離的暗示，原色中間再畫龍點睛地放進一抹白色，

大眼舢舨上的夜鷺（吳德亮油畫 /53×45.5cm/1996）。

緩和色與色之間的衝突。一點也不在乎過去戒嚴時代所謂「愛國色」的嘲諷，也顛覆了「紅配綠、狗臭屁」的設計師說法，看來耀眼又和諧。而兩側船壁深藍或深綠色塊烘托的大眼，以及船頭朱紅底色突出的白色太陽與浪花圖騰，更為玲瓏有致的格局劃下完美的句點。

除了龍舟競賽使用的小船以外，唯一繪有大眼的舢舨，應該只有淡水河下游的漁船吧？淡水河曾是台灣唯一可航行船隻進行水運的河川，想像本世紀初期，大型戎克船自大溪、三峽、艋舺或大稻埕，滿載茶葉、樟腦等商品，萬船齊發從淡水港航向全球，碼頭人聲沸騰的盛況。其中有苦力挑夫，也有意氣風發的富商巨賈、金髮碧眼的洋人買辦，甚或笑靨迎人的煙花女子吧？大眼舢舨不僅作為近海漁船，也是當時繁忙接駁裝卸貨物的必備工具。儘管今日水運早已不在，大眼舢舨依舊是北部漁民的最愛，它們或大或小，紅藍相間的倒影漾著粼粼水光，成了河口最亮麗的風景。

興沖沖地自友人處取回長板凳，居然是上等的台灣肖楠材質，讓我大感驚喜。腦海立刻浮現大眼舢舨強烈對比的圖案，因此毫不猶豫舉起鑿刀，順著木理一刀一斧地將船頭部分雕出，以壓克力顏料打底後，再用油漆著色完成。

不必大費周章將大眼舢舨搬回家，眼前的長凳一樣擁有強烈的北台灣民間色彩，用來作為泡茶椅，甚至在戶外作為茶席桌，搭配中部壺藝名家連炳龍的茶器作品，彷彿海洋的呼喚就在耳邊迴盪：

滿載歡喜與希望
大船入港囉

原載於二〇〇七年八月《幼獅文藝》

# 發現東川紅土地

與白族的小高共同開著小型麵包車顛簸在礫石路上，車內沒有空調，我舉起小高製作的手工茶票紙，卻絲毫擋不住車窗頻頻灌入的塵沙。曾經在國外的電視節目上驚鴻一瞥，中國西南大片的紅土地在眼前匆匆掠過，滿山遍野的朱砂色繽紛景象令人印象深刻。幸運的是「踏破鐵鞋無覓處」，居然在雲南友人口中不經意得知，原來畫面上令人驚艷的紅土地就在滇東北的東川，距離昆明僅有一七六公里的路程。

友人進一步告知，就在東川以北約四公里外，層巒疊嶂的大山深處，有一片方圓兩萬多平方公尺的紅土地。土層因富含鐵質而呈現朱砂色，為酸性土壤，板結而貧瘠，一般僅適宜馬鈴薯、蕎麥、油菜等作物生長，因此東川街路上隨處可見以麻袋販售成堆馬鈴薯的農民。

東川境內礦產資源豐富，銅礦開採更有將近二千年的歷史，自古即有「天南銅都」的稱號。不過由於太過窮困，三年前已劃歸隸屬為昆明市的一個「區」。但距離雖近，崎嶇難行的蜿蜒山路卻喀令亢朗足足行駛了五個小時，而先前一路狂飆的昆曲高速公路則不過四十分鐘的暗爽罷了。更令人氣結的是，儘管沿線有方便的鐵路可抵，卻僅供礦產運輸、不作客運之用。

穿越東川城區，順著更為艱辛的盤盤山徑繼續前行，翻山越嶺約莫個把鐘頭，經過新田鄉花溝村的「花石頭社」後不久，一片又一片熱情狂野的紅土地就沸沸揚揚洶湧而來，讓頻頻更換鏡頭的我頓時顯得手忙腳亂。

大塊渲染後的紅色地毯翻越一個又一個山坡，層層疊疊綿延不斷；山坡上的紅土地與一畦畦白色油菜花相互交錯，悠悠恍恍勾勒出一道道美麗的弧線。往高處看，更彷彿低空飄搖的巨大風箏無數，或悠游搖擺的熱帶魚群，紅色、橙色、深褐色交晃競艷。而點綴其間的油菜芊芊則宛如牽牽繫繫的綠藻，在湛藍如海洋的天空底下勾勒絢燦的構圖，讓猛按快門的我充滿歡喜與雀躍，一路的疲憊也煙飛灰滅在頃刻間消失殆盡。

在薄薄的春日暖陽映照下，向陽的紅土地極力放送豔紅的光芒，逆光的表層則薄紗輕掩，呈現迷霧般海市蜃樓的幻影。隨著天空雲層的聚合離散，陽光關愛的眼神也忽明忽暗、忽強忽弱，為五彩的紅土地適時添加筆觸或陰影。

偶有馬隊出現在紅色稜線上方，或放牧的牛群悠悠然吃草，或大舉來犯的雲陣翻翻滾滾，瞬間為紅色的渾圓丘頂塗抹厚厚的粉底。大自然所構織的一幅幅亮麗獨特畫面，儘管變幻無窮，色彩層次卻清

東川紅土地上的農舍簇簇開得猛艷的桃花映紅。

晰分明且井然有序，彷彿一場瞠目的壯麗夢魘，不斷在張張合的相機觀景窗內重複上演。

紅土地一帶民風淳樸，汽車蹣跚地攀爬在塵沙滿天的山徑，經常可見稜骨高傲的山腰上，黛瓦白牆的農舍聚落無數，透過長距鏡頭聚焦凝望，但見一簇簇開得猛艷的桃花托襯炊煙裊裊，紅綠相間的梯田一圈圈簇擁著雞犬相聞的小小桃花源，構築浪漫與狂野的氛圍。貧瘠的土地也可以是一方天然淨土吧？不曾遭受文明的魯莽踐踏，樂天知命的農民世世代代在此日出而作、日落而息，過著與世無爭的傳統農耕生活。沿路詢問大片紅土地所在的確切位置，居然沒有一位農民能說得清楚，當然更不會有遊客了。世居石頭社的彝族大娘告訴我，除了每年春秋兩季偶有國外的攝影家大張旗鼓前來捉補美景外，一般是不會有外人出現的。

其實中國長江以南各省均分佈有紅土地，根據專家表示，紅土的形成是岩石經過長期風化作用以後，逐漸破碎變成了風化殼，加上微生物的滲透參與發育轉為土壤。而東川紅土地則屬於以紅色砂岩、粉砂質泥岩、粘土岩及砂礫岩構成的「紅色岩系」。

與雲南其他地區的乾燥氣候明顯不同，由於東川一帶高溫多雨，風化殼中的鉀、鈉、鈣、鎂等活潑的元素很容易被雨水溶入而帶走，而鐵、鋁之類的不活潑元素隨著水流的滲透，大多會沉澱在土壤中。再進一步氧化時，紅色的氧化鐵和褐色的氧化鋁就會在土壤中渲染。又由於土壤中氧化鐵的含量大於氧化鋁，所以紅的色彩占了上風，但因受氧化鋁的影響，紅中帶灰而顯現磚紅色，土壤也就成為名副其實的紅土了。

「光山禿嶺，地瘦人窮」是東川農村的真實寫照，大自然把紅土地送給東川居民的同時，也把「中國第一」的泥石流危害留給了東川。問路時大口吸著煙筒的老伯告訴我，辛苦一年的莊稼眼看就要收割了，卻往往被一場泥石流全然覆蓋掩沒，沙啞的嗓音透露些許的無奈。

原載於二〇〇三年七月《新觀念》雜誌

# 金玉滿堂油菜花

彷彿奔騰急竄的崢嶸眾獸突然勒馬，石灰岩形態各異的喀斯特峰叢綿延構成的十萬大山，在不遠處隔著鱗鱗屋瓦高低錯落的布依族村寨，與眼前一望無際的金黃色花海爭鋒對峙。無論以哪一個角度凝望都呈現無比的氣勢，小小的相機觀景窗顯然不足以將連續畫面逐一定格加框，儘管每按一次快門都是一句完美的驚嘆號。

以十萬大山為背景的布依族村寨，與眼前一望無際的
金黃色花海爭鋒對峙。

其實早在去年前往雲南六大茶山尋訪明前春茶，就有茶友頻頻邀約，要我務必走一趟羅平，說滿山遍野的油菜花美呆了，簡直「就像黃金鑲嵌的畫一樣」，絕不遜於置身萬畝古茶樹林的感動。不過從小生長在花蓮、早已看多了花東縱谷油菜花燦放景致的我，當時卻絲毫不以為意；直至某天在外國雜誌看到令人驚艷的圖片，才大為頓足。錯失一季卻需苦候一年，因此等不及今年早春乍現，我就迫不及待跳上昆明「早發午至」的旅遊特快火車，前往兩百多公里外的羅平。

所謂「雞鳴三省」，位於雲南、廣西、貴州三省交界的羅平，是古代「夜郎自大」的夜郎國所在，也是中國最大的油菜生產基地縣，三千萬公斤年產量的經濟效益不足為奇；特別的是在總計三十五萬畝的油菜花田中，就有二十萬畝連綿集結如海，成了全球最大的天然花園，「自大」顯然其來有自。

每年二、三月間，油菜花在羅平壩子競相怒放，一片金黃簇簇的「金玉滿堂之鄉」不僅吸引了蜂擁而至的中外旅客，也大量「招蜂引蝶」地讓羅平成了最亮眼的蜜蜂春繁與蜂蜜生產加工地，讓中國唯一流浪在春天的養蜂人在田間紮營而居，在金黃世界中泊成若隱若現的鴿灰色光點，倒成了指引迷路人的浮動燈塔。

迥異於故鄉花蓮或江南蘇州油菜花的含蓄婉約，羅平油菜花可說是熱情奔放、氣勢磅礡

與萬畝油菜花相互爭輝的玉帶湖。

了。不過，在羅平看油菜花可得有人帶路，否則置身在二十萬畝幾與人齊高的黃金迷陣中，想要順利出入已非易事，更別說愜意悠遊了。所幸行前已與當地旅遊局接洽，劉波局長特別安排局裡的攝影家徐汝柏一路相伴，不僅對行程路線瞭若指掌，往返所經地貌從不重疊；連順光、逆光的時間地點都預先設想周全，讓我滿懷感激。

大致來說，羅平的油菜花可分為三大區塊，各具不同的風貌與韻致。以縣城為中心，往南的玉帶湖、多依河一帶，盆嶺相間連嶂競起的十萬大山，燦明錯密的油菜花與多依族村寨相互爭輝。其次為縣西的牛街一帶，擁有全球僅見的

萬畝金黃油菜花田包圍的金雞峰叢。

螺絲狀梯田，宛如盤旋而至的天梯，將層層堆積盤繞的金塊金條一一送入人間；從遠處望去，更彷彿外星人留下的巨大圖騰，在陽光下頻頻發送炫目的訊號。至於北邊前往九龍瀑布群的路上，則有岩溶地貌突出、更勝桂林山水的金雞群峰，在金色花浪層層的簇擁下綻放光芒。

「欲窮千里目」在羅平不必上樓，卻需具備幾分登山的本事與體力。為了一覽金雞峰叢的盛景，我跟隨徐汝柏氣喘吁吁地爬到另一座山頭，幾次險些將手中相機拋入滾滾「金」塵，自己也幾乎癱成慵倦的石塊；不過登上頂峰後那種君臨天下的氣勢，卻足以讓自己瞬間脫胎換骨，變成坐擁黃金世界的國王。放眼望去，萬畝金黃已將風景推拓至極遠極長，而一座座金雞獨立的峰群不過是一缽缽小小盆景，在巨大的舞台上作為擺飾罷了。

原載於二〇〇四年四月《新觀念》雜誌

# 屋頂上的捕魚手

我已經悄悄觀察好幾天了，每天下午約莫三時左右，一隻漂亮的蒼翡翠就會好整以暇，停棲在挺拔燕尾拱托的屋脊上，悠然地享受牠的鮮魚大餐。

那是一處由傳統閩南式建築群所構成的古老聚落，除了村口正對宗祠的大池塘，位置也距離海邊不遠。天氣晴朗時總能透過閣樓高處的花格窗，瞧見對岸池邐連綿的陸地，有時還隱約可見朦朧霧氣籠罩的樓宇；是我每次前往金門寫生或教學最常住宿的地點。

金門民宿與台灣各地民宿的最大不同，就在古色古香的閩南式建築，近年經過國家公園管理處耗費鉅資整修，再逐一交予能提出相當理念的民眾經營。許多百年老厝不僅大致恢復了舊時的輝煌風貌，且大多都可以稱得上是「千萬豪宅」，我常喜歡在雕樑畫棟的氛圍裡泡茶，感受古典與現代交會的茶席浪漫。

尤其讓我感到興趣的，是台灣本島難能發現的蒼翡翠，在金門卻是四季可見的不普遍留鳥。暗栗褐色的頭頸加上大片翠藍的背羽，與台灣常見的翠鳥或同屬翡翠科的黑頭翡翠、斑屋頂上的捕魚手（油畫 /60.5×72.5cm/2006）。

魚狗等明顯不同，令人一眼就可輕易辨識。也是繪畫偏愛用藍的我，最鍾愛的鳥種之一了。

不過，獨來獨往的翡翠一向出沒於魚塭、埤塘、溪流或海岸的密林中，尤喜棲息在水域旁的樹梢伺機捕魚；即便「午休」時間也會盡量避開不可信任的人類。這樣大膽地將自己暴露在屋宇的稜線上，與我近距離邂逅，機率甚至還低於樂透彩的大獎吧？就連細小不太對稱的赤足，僅憑肉眼也可望個清晰。看我躡手躡腳地準備腳架與高倍鏡頭，牠卻一派輕鬆繼續優雅吃魚，彷彿天上掉下來的禮物一樣令人難以置信。

幾天後我起了個大早沿著海岸漫步，忽地有「滋——」的嘹亮哨音響起，藍寶石般璀璨的身影剎那在眼前閃過，如衝破拂曉的閃電般掠向水面，隨即隱沒消失在茫茫大海上。那不就是蒼翡翠嗎？稍稍回過神來的我，儘管無法確認牠是否屋頂上的新朋友，仍感到些許離別的悵然。

果然當天下午就不再發現翡翠悠然用餐的身影，是例行性的飛行鄰近海域覓食嗎？抑或直接飛向對岸的廈門呢？央得周邊洋樓主人的同意，我爬到二樓屋頂上，模擬翡翠停棲的高度與視角望向海邊，主人告訴我，依航向對岸的直線距離約兩公里推算，蒼翡翠依循當地居民小三通的模式，頻繁往來兩岸捕魚，這樣的假設應是可以成立的。

我想起多年前美倫病危時，窗口竟日流連不去的紅尾伯勞，更加珍惜這樣不尋常的際遇。

很想多留幾天看看蒼翡翠是否返回，卻仍勉強自己收拾行囊趕回台北，因為當天正是美倫的忌日。

原載於二〇〇六年十月二十九日《聯合報》副刊

# 銀格鋼筆中的如金秋色

美倫發病之初，由於醫師樂觀的誤判，每隔幾天都要開車載她到西區某中醫院把脈抓藥。有次行經師大附近的文具精品店，始終不發一語的她忽然要我停下，不及告知理由就匆匆下車，拖著已消瘦大半的身影消失在玻璃門內。選在此時購買文具的動機，讓紅線旁暫停等候的我大感不解。

約莫一刻鐘後，美倫回到車上，拿出綁有紅絲帶的精緻小盒說：「忘了你的農曆生日嗎？生日快樂！」儘管有些錯愕，我仍迫不及待拆下包裝，一支派克商籟系列的銀格鋼筆就在眼前晶瑩閃爍。瞬間我呆了半响，那是半年前我們一起看過的名筆，儘管心中極為喜歡，當時卻因價格太高而未敢下手，沒想到已請了長假在家調養的她還記得，頓時讓我熱淚盈眶，連謝謝都忘了說出口。

那是美倫最後一次送我生日禮物，因為半年後她就不敵病魔而永遠離開。就在醫生兩手一攤的剎那，鋼筆也因為哀傷過度而不自覺地從手中滑落，筆尖斷成兩截。

鋼筆從此珍藏在她的遺物盒內，十四年來雖然也換過幾支鋼筆，總覺缺少了些什麼而擱置。改用電腦寫作以後，詩寫得更少了。

半年前為新書發表會簽名之用，在居家附近的小品雅集購得外觀相似的原子筆，意外結識了號稱鋼筆達人的主人李台營，兩人一見如故，很快就從顧客變成好友。不過對早已倚賴電腦甚深的我來說，所謂「在紙上流瀉出美麗的文字弧線」，只是水彩畫最後以毛筆書寫的簡潔詩句罷了，鋼筆之無用久矣。

月前從雲南帶回鶴慶手工茶票紙作畫，完成後詩卻始終難產，我忽然想起達人最常掛在嘴邊的一句話「好筆、好文、好心情」，美倫送的銀格鋼筆再度浮上腦海。趕緊從遺物盒內取出送交達人診治。果然經由他費心挑出筆尖更換，且不斷對著放大鏡細心擦拭；半小時後，斑斑歲月造成的黑鏽不見了，整支鋼筆恢復了原有的亮麗風采，提起寫字也十分流暢順手，驚喜之餘在試紙上居然把未完成的詩當場寫就：

從斜池在望的
山勢出發
所有的歡喜

秋色如金（茶票紙水彩 /55×71cm/2011）。

都帶著節奏
敲叩縈縈
牽繫的粉牆黛瓦
風開始浪漫
思念凌虛而起
秋色炯炯如金

重生的銀格鋼筆喚醒了荒廢已久的詩心，儘管畫中詩依然以毛筆抄寫，卻是延續了先前的婉約靈動，深秋的浪漫在眼前璀璨燃燒。耳邊彷彿又響起美倫的殷殷叮嚀：

「好久沒寫詩了，可不許讓這支筆生鏽喔。」

原載於二〇一一年十一月十四日《人間福報》副刊

## 騷人多愛茶

文人愛茶，自古皆然。宋代大才子蘇軾的〈試院煎茶〉傳頌千古，其中對煮水深刻的闡述「蟹眼已過魚眼生，颼颼欲作松風鳴」，至今仍被全球茶界奉為經典。以節儉出名的宋代名臣范仲淹，也有〈鬥茶歌〉批判當時競奢的風氣。唐代大詩人元稹還有一首最早的圖像詩「一七令—茶」，盧仝傳頌至今的《走筆謝孟諫議寄新茶》，坊間多稱以「七碗茶」詩，風行茶樓酒肆。孫樵的〈送茶與焦刑部書記〉以擬人化的手法，稱武夷山茶為「晚甘侯」，更使得大紅袍從此名滿

詩人余光中伉儷在阿亮工作室品茶。

天下。

至少在一九八九年，詩人余光中就以〈夜飲普洱〉一詩表達他對普洱茶的深刻認識，福建永春以佛手聞名，祖籍永春的他尤愛「伯爵茶」，主要原因正是其中濃郁的佛手柑香氣。而攝影家好友鐘永和不僅每日必飲普洱，為了充分表現普洱茶湯異於其他茶類的氣韻，還因此用手捏方式自行拉了十幾把陶壺，進而舉辦陶壺個展。

台北文人愛喝茶，重要聚會往往選擇氣氛十足的茶館，彼此促膝煮茶論劍，彷彿縱橫天下盡在暖壺溫杯之間。例如早年我與羅青、林煥彰、管管、杜十三、白靈等人籌組「詩人畫會」，每次聚會多在台北市衡陽路的「陸羽茶藝中心」，或新生南路的紫藤廬。

詩人洛夫、張默、張錯、須文蔚、顏艾琳、辛牧、岩上等人都愛茶，也都曾有精彩的茶詩發表，辛牧曾告訴我「不可一日無茶」；蕭蕭則有詩詠近年紅遍對岸的芽尖紅茶「金駿眉」，侯吉諒的「紅水烏龍」一詩令人印象深刻。詩人落蒂有次到我工作室品飲普洱，隨即以〈茶香飄進詩境〉表達他的感動，並選入當年的《年度詩選》：

雲南山間的鳥啼
茶樹與茶樹的對話

阿亮都聽進心裡
也把它們泡在
茶裡

攝影家莊明景、莊靈，前佛光大學創校校長、知名學者龔鵬程、觀想藝術中心主人徐政夫等，也都是普洱茶或烏龍茶的愛好者。徐政夫有次來訪，還餽贈了一片價值不菲的陳年茶磚，甚至一度租下蘇州園林開設茶館，顯然對普洱「發燒」的程度不輕。

在影劇界，金馬獎影帝陳松勇對烏龍茶的深入早為人知；資深演員石英則偏愛高山茶；名製作人周在台近年受奧迪汽車蘇玉興副總的影響而從

左起名作家張曉風、廈門大學教授徐學、名作家亮軒與民進黨前族群事務部副主任高丹華、作者，不分藍綠共聚一堂品茶。

烏龍轉為普洱，對古董茶的研究頗有專精。在商界最著名的則是寶成集團董事長蔡其建；作為全球製鞋龍頭寶座，又搶下大中華區體育用品零售通路領導地位的集團負責人，蔡董與友人相處時卻極少炫耀其事業成就，反而樂於分享他所收藏的各種普洱陳茶，在業界傳為美談。

我投入茶文化研究多年，儘管從不買賣茶葉，繪畫寫作的工作室裡卻收藏了不少好茶。周在台有次就約了當年紅極一時的女星張瓊姿、趙永馨到我工作室品茶，兩位大美女述及品茶心得，見解絲毫不遜茶人。趙永馨甚至在離去後赴「陸羽」茶藝班學茶，並在今年如願考取泡茶師，讓我大感驚奇。

女星張瓊姿與趙永馨在阿亮工作室品茶。

資深名作家張曉風女士在今年辭去親民黨不分區立委當天，就與名作家亮軒共同到我工作室品茶，現場還包括民進黨前族群事務部副主任高丹華，以及來自對岸的廈門大學教授徐學等，顯然在茶的世界裡，不分藍綠更不論統獨吧？

至於對岸，儘管普洱茶風潮開始不過幾年，先有三〇年代的大文豪魯迅因茶與許廣平結緣，且留下百多克的絕版普洱茶膏，供後代在二〇〇四年義賣拍出天價。而以「康熙傳奇」、「紀曉嵐」等劇紅透半邊天的影帝張國立，不僅愛喝

認養困盧山野生古茶樹的大陸巨星張國立與阿亮多年前的著作《深入雲南古國》。（黃傳芳提供）。

普洱茶，二〇〇三年還認養普洱困盧山的野生古茶樹。雲南詩人雷平陽則著有《普洱茶記》顯示他對普洱茶的深刻認識。

上海聞人吳岩多年前因愛茶成癡，不惜放下骨科名醫身段，前往普洱市掛職擔任招商局副局長，深入普洱各大茶山與少數民族同甘共苦，至今仍在當地傳為美談。

有次受邀到他上海家中喝茶，他取出中國知名絕版畫家賀昆所創作的茶票紙，其中三張已有星雲大師、作家余秋雨，以及當時擔任普洱市長的沈培平（現已升任雲南省副省長）等人的親筆簽名，居然也正經八百遞了一張給我。

看我有點狐疑，他大笑說只有對兩岸茶文化有重大貢獻的人才有資格簽名，而版畫茶票紙總共僅有十張，專為他珍藏的西盟私房茶而作，倒讓我受寵若驚了。

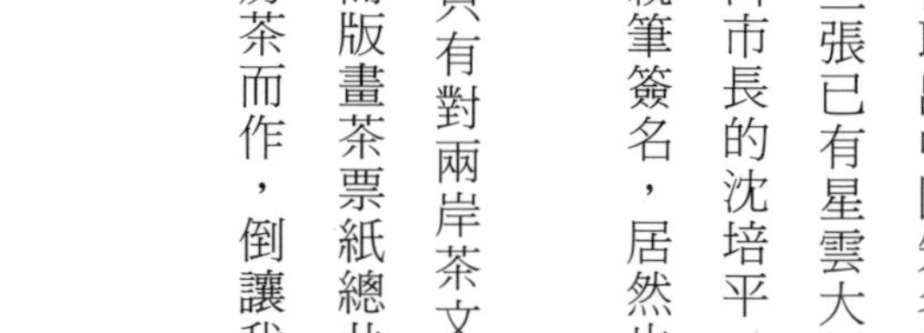

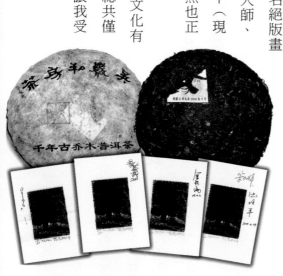


吳岩私房茶絕版版畫茶票紙上的兩岸名人簽名。

阿亮找茶

# 找茶，就是找故事


2013年11月初版 定價：新臺幣380元
2015年5月初版第二刷




著者 吳德亮
發行人 林載爵

| | | | |
|---|---|---|---|
| 出版者 | 聯經出版事業股份有限公司 | 叢書主編 | 林芳瑜 |
| 地址 | 台北市基隆路一段180號4樓 | 圖・攝影 | 吳德亮 |
| 編輯部地址 | 台北市基隆路一段180號4樓 | 校對 | 張幸美 |
| 叢書主編電話 | (02)87876242轉221 | 整體設計 | 劉亭麟 |
| 台北聯經書房 | 台北市新生南路三段94號 | | |
| 電話 | (02)23620308 | | |
| 台中分公司 | 台中市北區崇德路一段198號 | | |
| 暨門市電話 | (04)22312023 | | |
| 郵政劃撥帳戶第 | 0100559-3號 | | |
| 郵撥電話 | (02)23620308 | | |
| 印刷者 | 世和印製企業有限公司 | | |
| 總經銷 | 聯合發行股份有限公司 | | |
| 發行所 | 新北市新店區寶橋路235巷6弄6號2F | | |
| 電話 | (02)29178022 | | |

行政院新聞局出版事業登記證局版臺業字第0130號

本書如有缺頁，破損，倒裝請寄回台北聯經書房更換。 ISBN 978-957-08-4280-7 (平裝)
聯經網址 http://www.linkingbooks.com.tw
電子信箱 e-mail:linking@udngroup.com

國家圖書館出版品預行編目資料

找茶，就是找故事/吳德亮著．初版．臺北市．
聯經．2013年10月（民102年）．264面．
15.5×22公分（阿亮找茶）
ISBN　978-957-08-4280-7（平裝）
[2015年5月初版第二刷]

1.茶葉　2.文集

481.607　　　　102020756